Elektrizität

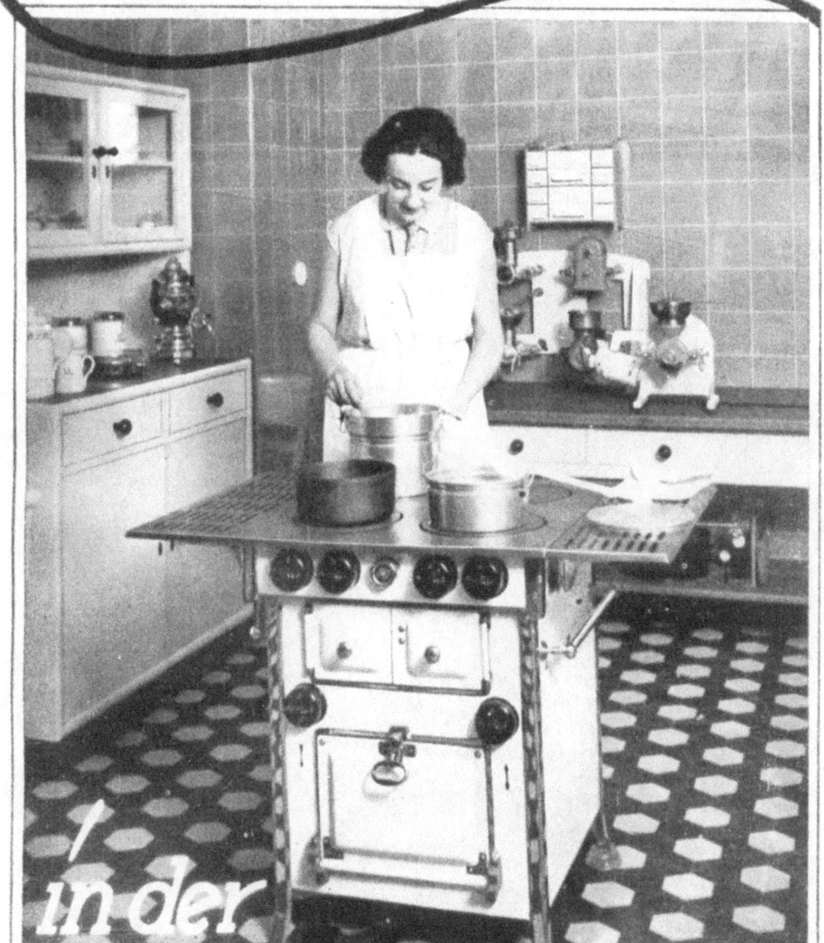

in der Küche

Die Elektrizität
im Dienste der Wirtschaft
Heft 2

Elektrizität in der Küche

Von
Dr.-Ing. W. Hensel

M. KRAYN, Technischer Verlag G. m. b. H.
Berlin W 35, Genthiner Straße 32

„Die versammelten Vertreterinnen des Reichsverbandes der Hausfrauenvereine geben ihrer Ueberzeugung dahin Ausdruck, daß die Einführung des elektrischen Betriebes in den Haushalt aus hygienischen, kulturellen und volkswirtschaftlichen Gründen mit allen Mitteln zu fördern sei und vor allem das wirksamste Mittel ist, den deutschen Hausfrauen ihren schweren Beruf zu erleichtern und ihnen Zeit und Kräfte freizumachen für Betätigungen neben der eigentlichen Hausarbeit, die für das Volkswohl wichtig sind, insbesondere die Kindererziehung und die Pflege des Körpers und Geistes.

Aus diesem Grunde fordern die deutschen Hausfrauen eine Anpassung der Elektrizitätstarife an die Notwendigkeit elektrischer Haushaltsführung. Diese Anpassung wird nach Ueberzeugung der versammelten Hausfrauen die Einkünfte der Elektrizitätswerke nicht schmälern, sondern verbessern, wenn sie in Formen erfolgt, die den Elektrizitätswerken für den Lichtkonsum den bisherigen erträglichen Preis belassen und nur für den Mehrverbrauch als Kraft- und Kochstrom, sowie für Nachtstrom, andere Preise festsetzt. Die Hausfrauen vertrauen darauf, daß die Leitungen der Elektrizitätswerke dieser berechtigten Forderung volles Verständnis entgegenbringen werden."

So lautet die auf der Arbeitstagung des Reichsverbandes Deutscher Hausfrauenvereine im September 1927 in Tübingen einstimmig gefaßte Entschließung. Die Richtung, in der sich die Rationalisierungsbestrebungen im Haushalt zu bewegen haben, ist somit gewiesen und von maßgebender Seite anerkannt. Wenn nun das vorliegende Büchlein zu seinem bescheidenen Teile dazu beiträgt, die Wünsche der Hausfrauen ihrer Erfüllung einen Schritt näher zu bringen und Anregungen zum fortschreitenden Aufbau des elektrifizierten Haushalts zu geben, so sei sein Zweck erfüllt.

Der Verfasser.

Inhaltsübersicht

I. Hauswirtschaftliche Fragen der Neuzeit.

Der heutige Zustand der Ueberbeanspruchung der Frau durch aufreibende Alltagsarbeit ist unhaltbar. Dies ist in einer großen Anzahl von Schriften und Vorträgen von den maßgebenden Führerinnen der Frauenbewegung, vor allem von den Berufsorganisationen der Hausfrauen ausführlich dargelegt*).

Die kulturelle Bedeutung dieses Problems sowohl in ethischer als auch in sozialer Beziehung ist bereits so eingehend erörtert, daß es überflüssig erscheint, an dieser Stelle näher hierauf einzugehen. Um so mehr ist es erforderlich, immer wieder auf Mittel und Wege zu sinnen, wie dieser Zustand gebessert werden kann.

Gelegentlich wurde wohl die Tatsache hervorgehoben, daß heute die Technik wirksame Mittel an Hand gibt, um hier helfend einzugreifen. Nicht genügend aber wird die Tatsache gewürdigt, daß die Elektrizität berufen ist, durch Verwendung im Haushalt zahlreiche wirtschaftliche Notwendigkeiten und kulturelle Forderungen ihrer Verwirklichung näherzubringen. Hierauf ist vor allem bei der Einrichtung der Wohnungen Rücksicht zu nehmen. Zwar zeigt der moderne Wohnungsbau in dieser Richtung schon Fortschritte, indem er manche häusliche Verrichtungen unter verbesserten Arbeitsbedingungen auszuführen ermöglicht, seine Vollendung wird er aber erst dann erreichen, wenn der Elektrizität im Haushalt von vornherein — insbesondere durch Verlegung ausreichend bemessener Leitungen — ein größeres Betätigungsfeld eingeräumt wird.

Dieses Ziel wird aber um so eher erreicht, je früher sich die Hausfrau selbst den neuzeitlichen wirtschaftlichen und tech-

---

*) Die Jahrbücher des Reichsverbandes Deutscher Hausfrauenvereine.
Dr. Erna Meyer: „Der neue Haushalt“, Franckh'sche Verlagsbuchhandlung Stuttgart.
Emanuele Meyer: „Das Weib als Persönlichkeit“, Grethlein-Verlag,
Scheurmann: „Los vom Haushalt“, Felsenverlag, Buchenbach (Baden),
Gertrud Bäumer: „Die Frau in der Krisis der Gegenwart.“
Hildegard Margis: „Der erfolgreiche Mensch“, Eigenbrödler Verlag.
Die Zeitschriften: Die deutsche Hausfrau, die ostdeutsche und die Bremer Hausfrauenzeitung, Wir Hausfrauen von Groß-Berlin.

nischen Bedingungen anpaßt, die ja von denen unserer Eltern in wirtschaftlicher und sozialer Hinsicht wesentlich verschieden sind, und je tatkräftiger sie die Anregungen, die ihr die Elektrotechnik bietet, aufnimmt, für sich verwertet und darüber hinaus selbst an der Entwicklung mitwirkt. Der Mann ist im Berufe von jeher gewohnt zu überlegen, auf welche

Bild 1. **Staubsauger und Bohner im elektrifizierten Haushalt.**

Weise sich dies und jenes einfacher, schneller und billiger ausführen läßt. Das sollte, das m u ß künftighin auch die Frau bei ihrer häuslichen Arbeit tun.

Der Umfang der häuslichen Aufgaben wird stets derselbe bleiben. Neue Hilfskräfte ins Haus zu nehmen, wird meist der Kosten wegen nicht angehen; bleibt also nur eine Verbesserung und Verbilligung der Arbeitsmethoden, eine Rationalisierung der häuslichen Arbeit, wenn einmal dies viel gebrauchte Schlagwort der Nachkriegszeit angewendet werden soll.

Einen wesentlichen Fortschritt in dieser Richtung stellt die Einführung von Staubsauger, Küchenmotor, Waschmaschine u. dgl. dar (Bild 1—3). So bedeutsam auch die Erleichterung von mechanischer Arbeit ist, die diese Maschinen der Hausfrau bieten, so außerordentliche hygienische Vorteile richtige Elektrizitätsverwendung auch in anderer Hinsicht zu gewähren vermag, so soll doch in diesem Zusammenhang von alledem nicht die Rede sein. Der Schwerpunkt der Hausfrauenarbeit liegt nun einmal im Kochen; gerade auf diesem Gebiete finden

Bild 2. **Elektrische Kraft wärmt, leuchtet und schafft.**

wir die erweiterten Verwendungsmöglichkeiten der Elektrizität, und zwar bei der

Speisen- und Heißwasserbereitung

(Bild 4 u. 5). Die größte Wirtschaftlichkeit und Bequemlichkeit ist zweifellos bei gleichzeitiger Ausnutzung beider Möglichkeiten zu erzielen, die sich gegenseitig ergänzen. Bei zweckmäßiger Auswahl und richtiger Ausnutzung der Geräte ist die Elektrizität nicht teurer als andere Energieformen, zumal die Elektrizitätswerke in den letzten Jahren mehr und mehr dazu übergegangen sind, ihre Tarife dem gesteigerten Haushaltsbedarf anzupassen und in Ergänzung dessen besondere Nachtstromtarife einzuführen. Die vielfach an der Tarifgebarung der Elektrizitätswerke geübte Kritik übersieht in der Regel entscheidende elektrizitätswirtschaftliche Momente; so darf man z. B. in einer Stadt, die besonderes Interesse an gesteigertem Gasverbrauch hat, keine Vorzugstarife für elektrisches Kochen erwarten, wenigstens solange dem Prinzip freier technisch-wirtschaftlicher Entwicklung andere Erwägungen entgegenstehen. Vielfach findet man heute noch den Glauben verbreitet, daß die Elektrizität, weil sie Bequemlichkeit und einen gewissen „Komfort" bietet, auch entsprechend teurer sein müsse als andere Heizmittel, die mehr Arbeit zur Erreichung des gleichen Zieles bedingen. Selbstverständlich haben die Gegner der Elektrizität ein Interesse daran, diesen Glauben zu erhalten und zu nähren. Sie tun das in letzter Zeit besonders gern dadurch, daß sie mit Wirkungsgraden und Wärmeeinheiten arbeiten, mit denen sich ja in der Tat vortrefflich operieren läßt. Allen Wirtschaftlichkeitsberechnungen dieser Art kommt jedoch eine praktische Bedeutung nicht zu, weil sie wesentliche, ja ausschlaggebende Gesichtspunkte unberücksichtigt lassen. Zunächst lassen sich diese Resultate durch Annahme verschiedener im Notfall gerade noch vertretbarer Werte für den Wirkungsgrad und die Anzahl der ausnutzbaren Wärmeeinheiten verschieden färben. Ferner ist die Wirtschaftlichkeitsbetrachtung mit dem Vergleich der reinen Heizkosten bei weitem nicht erschöpft. Die Elektrizitätsverwendung wirkt in erheb-

Bild 3. **Ausschnitt aus einer elektrischen Waschküche.**

lichem Maße arbeitsparend, was sogar gegenüber der Gasbeheizung in Erscheinung tritt. Ist etwa die Arbeitskraft der Hausfrau nichts wert? Einen ausschlaggebenden Faktor aber bilden Ersparnisse z. B. an Fett, die bei Verwendung der elektrischen Koch- und Bratgeräte nicht nur in beträchtlichem Umfange möglich, sondern zwangsläufig sind, da die Hausfrau gar nicht in die Lage versetzt wird, durch Anwendung hoher Temperaturen Fett zu verdampfen oder zu ver-

Bild 4. **Elektrischer Kochherd mit 2 Brat- und Backröhren und seitlich angeordnetem Wärmschrank.**

spritzen. Diese Fettersparnis bei der Elektrizitätsverwendung bei gleicher oder höherer Qualität der Speisen liegt offenbar darin begründet, daß die elektrischen Geräte selbst die zum Braten und Backen erforderliche Temperatur von 250° bis 300° C nicht erheblich überschreiten können, da die Temperatur der Heizdrähte nicht viel höher liegt. Hingegen hat die offene Flamme stets eine Temperatur von etwa 1500° C. Die Wärmezufuhr kann lediglich durch Verkleinerung der Flamme reguliert werden, wobei jedoch die Flammentemperatur an sich stets ungefähr dieselbe bleibt.

Besonders stark tritt der verschiedenartige Einfluß der einzelnen Beheizungsarten beim Auslassen von Margarine zutage. Die hierin enthaltenen Wasserteilchen verdampfen bei Verwendung der offenen Flamme plötzlich, spritzen aus der Pfanne und reißen natürlich auch Fetteilchen mit sich. Jede Hausfrau hat das schon in ihrer Küche beobachtet. Das während des Bratprozesses so auf den Herd gespritzte Fett ist nicht mehr verwertbar, kostet jedoch auch Geld, und zwar soviel Geld, daß die Brennstoffkosten bei Vermeidung dieser Verschwendung durch die elektrische Heizung nur noch eine untergeordnete Rolle spielen. Das ist durch einwandfreie Versuche bereits erwiesen worden und wird von Hausfrauen bestätigt, die heute schon elektrisch kochen.

Bild 5. **Der elektrische Heißwasserbereiter in der Küche.**

In diesen zum Teil vollständig elektrisch eingerichteten Haushaltungen wurden während einer längeren Zeit Erhebungen über den durchschnittlichen Stromverbrauch angestellt. Je nach Größe des Haushaltes hielt er sich zwischen 0,7 und 1,0 kWh pro Kopf und Tag. Diese Werte konnten aber erheblich unterschritten werden, wenn von den elektrischen Spargeräten*) ausgiebig Gebrauch gemacht wurde. Daß auch die Geschicklichkeit in der Bedienung der Apparate eine gewisse Rolle spielt, erhellt aus der Tatsache, daß bei dem Vergleich der monatlichen Stromverbrauchswerte nach und

*) Siehe Kapitel II.

nach eine Abnahme der verbrauchten Kilowattstunden festzustellen war. Die Geschicklichkeit in der Bedienung der Geräte erhöht sich denn auch bei regelmäßigem Gebrauch ganz von selbst, zumal die Hausfrau über die stets beigefügten Gebrauchsanweisungen hinaus selbst immer neue Wege zu gesteigerter Sparsamkeit ausfindig machen wird. Welcher hohe Ausnutzungsgrad elektrischer Energie bei richtiger Bedienung

Bild 6. **Auch der Teddybär weiß die Annehmlichkeiten der Elektrizität zu schätzen.**

der Geräte erreichbar ist, zeigen praktische Vergleichsversuche, die über eine längere Zeit in einem anderen Haushalt angestellt wurden. Sie ergaben, daß bei einem Ersatz von Gas durch Elektrizität während 5 Monaten eines Jahres etwa 970 kWh Elektrizität an Stelle von etwa 640 cbm Gas in den gleichen Monaten des Vorjahres verbraucht wurden. Das Verhältnis des Gasverbrauchs in cbm zum kWh-Verbrauch stellt sich also hier auf 1 : 1,5 und damit für Elektrizität bedeutend günstiger, als deren Gegner gewöhnlich zu errechnen pflegen.

Für größere Haushaltungen wird die Elektrizität vor allem auch dadurch billiger als andere Brennstoffe, daß sie — nicht zuletzt dank ihrer automatischen Regulierungs- und Abschaltmöglichkeit — so viel Arbeit spart, daß sie diese oder jene Arbeitskraft überflüssig macht*).

Bisher sprachen wir nur von der ins Auge springenden Wirtschaftlichkeit, wobei immer noch von Fall zu Fall zu prüfen ist, wie sich die einzelnen Tarife auswirken.

Unsere deutsche Hausfrau ist nun freilich als sparsam bekannt und bestens gerühmt. Sie wird also das Vorstehende auf Grund ihrer Tarife nachprüfen. Und doch wird sie bei näherem Zusehen erkennen müssen, daß ihre Entscheidungen nicht nur vom Kostenpunkt abhängen. Trägt sie etwa nicht lieber einen seidenen Strumpf als einen baumwollenen, einen schicken Hut lieber als einen Ladenhüter? Trotzdem er teurer ist? Warum? — Weil der Mensch für das Adrette, für das Angenehme, das Bequeme auch Geld ausgibt, und zwar ganz besonders gern. Solche Ausgaben reuen ihn nie, denn das ist ja letzten Endes der Sinn aller Technik, der Sinn allen wirtschaftlichen Seins: sich über die primitiven Existenzbedingungen hinauszuheben zu einem angenehmen, auch im Alltäglichen niemals lästigen, kultivierten Leben (Bild 6 und 7). Noch im letzten, mindesten Tun der Hausfrau will und soll sie frisch und fröhlich bleiben, keine Last und Mühe empfinden, die sie in ihrem natürlichen Frauentum, in ihrem Liebreiz, in ihren Gattin- und Mutterpflichten beeinträchtigt.

Wäre die Elektrizität auch viel teurer als jede andere Energie, sie würde aus diesen Gründen allein ihren Weg in die Küche finden. Sie versinnbildlicht geradezu die Zeit-, Mühe-, Arbeits- und Lastersparnis, die unsere Hausfrauen heute mehr als je anstreben.

Die absolute Reinlichkeit der elektrischen Küche ist vor allem dadurch gewährleistet, daß alle Brennstoffe vermieden werden. Die Lagerung von Kohle und Holz, deren Transport vom Keller zur Küche, die Beseitigung der Asche und sonstiger Rückstände fallen fort. Die elektrische Küche kennt kein Streichholz, kein Zerkleinern des Holzes, kein Feuermachen, kein Nachheizen, kein Reinigen des Rostes und des Schornsteines, keine verrußten Kochgeschirre, keine

*) Vgl. Ritter „Das elektrische Haus", S. 8 u. ff.

übelriechenden oder explosiven Gase, keine schädlichen Verbrennungsprodukte und damit auch keine verräucherten Wände und Gardinen, keine Anfressungen der Räume und Mobilien (Bild 9).

Bild 7. **Die elektrische Kaffeemaschine, die Heizsonne und der elektrische Zigarrenanzünder erfreuen sich der besonderen Beliebtheit der Hausherren.**

Die Bedienung ist denkbar leicht. Genau wie das elektrische Licht wird das elektrische Koch- und Bratgerät in bekannter, einfachster Weise in Betrieb gesetzt. Die Ober- und Unterhitze dieser Apparate sind meist getrennt einstellbar und in sich regelbar. Der ganze Kochvorgang verliert die Abhängigkeit von Zufälligkeiten, Glück, Sorgfalt der Bediensteten, die ihm heute in hohem Grade anhaften. Gleichmäßige, genau in Grad und Ausdauer einstellbare Erwärmung vermeidet ewiges Nachsehen-, Rühren- und Probierenmüssen. Und das ergibt den größten Vorteil für die Hausfrau: Der Gewinn an Zeit und Kraft für die wichtigere häusliche Arbeit an sich selbst und an ihrer Familie.

Unter richtiger Berücksichtigung des vorstehend Gesagten gestaltet sich der hauswirtschaftliche Küchenbetrieb mit

Elektrizität unter allen Umständen billiger als die Verwendung einer anderen Energieform. Freilich, für die Anschaffungen der Apparate sind Aufwendungen an Geld zu machen. Aber auch hier kann die Technik helfen, wenn sie mit der tatkräftigen Unterstützung der Hausfrauen rechnen kann. Sie kann das Massenprodukt viel billiger liefern als das Einzelerzeugnis. Das beste Beispiel hierfür bietet das elektrische Bügeleisen. Auf Grund der großen Nachfrage kann es heute bereits in Massen hergestellt werden und ist so für jeden Haushalt erschwinglich geworden.

Bild 8. **Der Wille der Hausfrau wird es durchsetzen, daß der elektrische Heißwasserspeicher schon bei der Einrichtung des Neubaues zum selbstverständlichen Inventar der Küche gehört.**

Und dann: in den meisten Gegenden Deutschlands gehören Herd, Ofen, Badewanne zum festen Inventar der Wohnung, das der Hausbesitzer zu liefern hat. Dies gilt schon von Gasanschluß und Gasherd. Der Wille der Hausfrauen wird auch die Bereitstellung der wichtigsten elektrischen Geräte und vor allem ausreichende Anschlußmöglichkeiten zur Selbstverständlichkeit stempeln, die jeder Bauherr, jeder Vermieter berücksichtigen muß, sobald freier Wettbewerb auf dem Wohnungsmarkt wieder einsetzt. (Bild 8.)

Wenn nun in den folgenden Kapiteln auch nicht alle auf dem Markt befindlichen elektrischen Küchengeräte behandelt werden können, so soll durch Besprechung einiger wichtiger versucht werden, die Aufmerksamkeit auf die

Bild 9. **Peinlichste Sauberkeit zeichnet die elektrische Küche aus.**

mannigfaltigen Vorzüge der elektrischen Kochweise zu lenken und Anregungen zur Verwendung dieser oder jener Geräte im eigenen Haushalt zu geben.

II. Koch- und Bratgeräte.

Die Elektrowärme wird dadurch erzeugt, daß man den Strom durch eine Anordnung von Widerstandsdrähten fließen läßt. Je nach der Stromstärke und Größe des Widerstandes erhitzen sich hierbei die Drähte und teilen die Wärme ihrer Umgebung mit.

In der Möglichkeit, die benötigte Wärmemenge genau zu bemessen, an der gewünschten Stelle zu sammeln und dadurch Verluste weitgehend zu vermeiden, liegt in den meisten Fällen der Vorteil elektrischer Wärmeverwendung. Dieser Vorteil tritt besonders bei den automatischen Spargeräten zutage, von denen der

Elektro-Ökonom

hier zunächst erwähnt sei (Bild 10—12). Er darf heute als der sparsamste auf dem Markt befindliche elektrische Kochapparat bezeichnet werden. Wie aus den Bildern hervorgeht, werden die Töpfe übereinandergestellt; die einzige Wärmequelle wird zur Beheizung des unteren Topfes verwandt, der dann seine Wärme nach und nach den übrigen Töpfen mitteilt. Über das Ganze wird eine wärmeschützende Haube gestülpt. Die Arbeitsweise beruht darauf, daß die Speisen nach automatischer Ausschaltung bei erreichter Kochtemperatur ohne neue Stromzufuhr gar gedämpft werden. Auf diese Weise können die meisten Speisen am frühen Morgen im kalten Zustande eingesetzt werden. Ohne daß eine weitere Beaufsichtigung erforderlich ist, sind sie zur Tischzeit mit einem Minimum an Stromverbrauch fertig zubereitet. Der Elektro-Ökonom stellt also eine glückliche Verbindung zwischen Kochkiste und elektrischem Heizgerät dar, vermeidet aber die bekannten, zumeist auf Vitaminzerstörung beruhenden Nachteile der Kochkiste. Er ist sowohl zum Kochen und Sterilisieren als auch zum Braten und Backen geeignet. Die Speisen werden dadurch besonders schmackhaft, daß die in ihnen enthaltenen

Nährwerte durch den Dämpfprozeß besser erschlossen werden, als das mit der bisher üblichen Kochweise möglich war. Besonders in ländlichen Gegenden konnte der Apparat in großem Umfange und mit vorzüglichem Erfolg eingeführt werden. Die Resultate lauten durchweg günstig. Die Aufgabe dieser Schrift kann es nicht sein, die Handhabung der Apparate im einzelnen zu besprechen. Es sei hier lediglich auf die Sonderschriften und Vorträge verwiesen, die allenthalben von den

Bild 10. **Der Elektro-Ökonom, vorschriftsmäßig angeschlossen.**

Elektrizitätswerken und von den Herstellerfirmen zur Erläuterung dieser Geräte gehalten werden. Sie haben den Vorteil, daß die Hausfrauen die Geräte hierdurch aus eigener Anschauung kennenlernen.

Um ein Bild über den Stromverbrauch zu erhalten, hat die Vereinigung der Elektrizitätswerke in ihrer Geschäftsstelle einen Elektro-Ökonom seit über einem Jahre in regelmäßigen Betrieb genommen, und zwar wird täglich ein Mittagessen für 6 Personen zubereitet. Während der ersten 5 Monate wurde ausschließlich im Elektro-Ökonom ohne Zuhilfenahme irgendwelcher anderer Apparate gekocht. Für 102 Mittagessen wurden insgesamt 150 kWh verbraucht. Da sonst heißes Wasser nicht zur Verfügung stand, ist der Stromverbrauch für das Aufwaschwasser in dieser Angabe mit enthalten. Im Durchschnitt wurden also für ein Mittagessen für 6 Personen einschließlich Aufwaschwasser 1,475 kWh pro Tag und 6 Per-

Bild 11. Der Elektro-Ökonom mit abgenommener Haube. Man beachte die an der Kochplatte angebrachte Erdleitung.

sonen verbraucht, bzw. 0,246 kWh pro Tag und Kopf. Nach einwandfreien Messungen gehen allein 0,4 kWh zu Lasten des Aufwaschwassers, so daß für die Zubereitung des reinen Mittagessens für 6 Personen im Durchschnitt 1,075 kWh pro Tag einzusetzen sind. Das bedeutet also einen Verbrauch von

0,173 kWh pro Kopf und Mittagessen.

Man ersieht hieraus gleichzeitig, wie wichtig und kostensparend die Aufstellung eines Heißwasserspeichers für die elektrische Küche ist. Vom sechsten Monat ab wurde neben dem Elektro-Ökonom noch eine Kochplatte von 1000 Watt in Betrieb genommen. Nicht etwa, weil mit dem Ökonom allein nicht auszukommen war (dem widerspricht schon seine halbjährliche Benutzung), sondern weil der Stromverbrauch auch bei einer Anordnung untersucht werden sollte, die etwas verwöhnteren Ansprüchen gerecht wird. Die Kochplatte wurde hauptsächlich zu solchen Speisen benutzt, bei deren Zubereitung besonderes Gewicht auf Schnelligkeit gelegt zu werden

Bild 12. **Der Elektro-Ökonom in seinen Einzelteilen.**

pflegt. Die bei dieser Anordnung erzielten Werte sind in nachstehender Tabelle zusammengestellt. Zu bemerken ist, daß der Stromverbrauch für Spülwasser hierin nicht enthalten ist.

Monat	Zahl der Kochtage	Zahl der verpflegten Personen	Gesamtstrom-Verbrauch in kWh	Stromverbrauch pro Kopf und Mahlzeit in Wh
Mai	25	6	33,900	226
Juni	25	6	35,680	238
Juli	26	5—6	33,800	240
August	27	5	29,450	220
September . . .	26	6	34,550	222
Oktober . .	26	6	34,000	218

Da sich der halbjährliche Durchschnitt auf 0,227 kWh je Kopf und Mittagessen beläuft, ergibt sich ein Mehrverbrauch durch Anwendung der vorerwähnten Kochplatte von 0,054 je Kopf und Mittagessen.

Bei der Beurteilung dieser Werte ist zu beachten, daß die Geräte von den sie bedienenden Damen keineswegs von dem Gesichtspunkt größtmöglicher Stromersparnis, sondern vor allem von dem Gesichtspunkt größtmöglicher Bequemlichkeit und Arbeitsersparnis betrieben worden sind.

Noch einige Einzelwerte von anderer Seite seien angegeben. Frau Lehrer Schulze-Hainrode gibt folgende in ihrem eigenen Haushalt bei Verwendung des Elektro-Ökonoms gemessenen Stromverbrauchszahlen an:

1.	2 Pfund Rinderbraten, Bohnengemüse, Kartoffeln, Obst	1,09 kWh
2.	Kartoffelsuppe, Sauerkohl, Bratkartoffeln	0,40 „
3.	Schinken mit Graupen, 2 Liter Wasser kochend	0,40 „
4.	Gefüllter Kohl mit Heringstunke, Salzkartoffeln, Birnen	0,91 „
5.	Möhren mit Schweinebein (Fleisch besonders wohlschmeckend)	0,60 „
6.	Königsberger Klops	0,60 „
7.	1½ Liter Milch gekocht, Teil davon zu Grießflammeri, Obst, Grüne Bohnen auf holländische Art, Kartoffeln	1,02 „

Endlich sei noch ein Bericht der Städt. Mädchen-, Handels- und Gewerbeschule in Harburg (Elbe) an den dortigen Magistrat über den Elektro-Ökonom wiedergegeben:

„Kurz vor Beginn der Weihnachtsferien wurde in Küche I der Gewerbeschule ein elektrischer Kochapparat „Elektro-Ökonom“ aufgestellt und für die verschiedensten Zwecke des Küchenbetriebes versuchsweise gebraucht. Der Apparat hat sich aufs beste bewährt und unter den Kochlehrerinnen Freunde gewonnen. Er eignet sich für Back-, Koch- und Bratzwecke, arbeitet sparsam, sauber und zuverlässig. Die Handhabung ist einfach und läßt sich bald erlernen. Einige Lehrerinnen möchten ihn nicht mehr entbehren, da jegliche Speise wunderbar geraten ist. Nichts brennt an, alles wird gar, Backwerk wird gleichmäßig gebräunt. Gute Dienste leistet er auch nach Art einer Kochkiste. Kurz: der Apparat ist zu empfehlen. Bei Besichtigung der Schule wurde ihm das größte Interesse entgegengebracht.

kWh	Speisen	Anzahl der Personen
0,520	Wurzelgemüse (Mohrrüben)	6—8
0,560	Rotkohl	12
0,390	Kartoffeln	11
0,240	Kartoffelgulasch	6—8
0,590	Grünkohl	16
0,770	Reissuppe, Fleisch und Kartoffeln . .	6
0,440	Warmer Pudding	—
0,540	„ „ und Kartoffeln . . . (gleichzeitig)	—
0,510	Sandtorte	—
0,330	Topfkuchen	—
0,600	Topfkuchen (1 Pfund Mehl)	—
0,380	Weißbrot	—
0,320	1 Kastenbrot	—
0,900	Kartoffeln und Wurzeln	10
0,220	Kartoffelgulasch	12

Harburg-Elbe, den 13. Februar 1925.

Städtische Mädchen-, Handels- und Gewerbeschule.

gez. L a k ü h."

Die hier aufgenommenen Stromverbrauchswerte decken sich also mit den übrigen.

Einen anderen nach demselben Prinzip des Etagenkochens arbeitenden elektrischen Sparapparat stellt die

Elektro-Columbus-Dampfhaube

dar. Sie unterscheidet sich vom Ökonom durch die Verwendung einer regelbaren Kochplatte. Als besonders vorteilhaft wird teilweise hervorgehoben, daß die Erreichung der Kochtemperatur durch ein Klingelzeichen selbsttätig angezeigt wird. Im übrigen trifft das über den Elektro-Ökonom Gesagte auch für die Columbus-Dampfhaube zu.

Der Hausfrau, die den bei einigen Geräten noch relativ hohen Anschaffungspreis scheut, trotzdem nicht auf das elektrische Braten und Backen verzichten will, steht in der

Stromküche

ein vorzügliches Gerät von anerkannter Preiswürdigkeit zur Verfügung. Äußerlich einfach und handlich, birgt es für den Küchenbetrieb recht umfangreiche Möglichkeiten in sich (Bild 13 u. 14).

Bild 13. **Die Stromküche als Backgerät.**

Man könnte das Gerät eine deckelseitig beheizte Bratkasserolle nennen, denn die Heizelemente des geräumigen Flachkessels sind im Deckel untergebracht, und der Strom wird durch einen Steckeranschluß von oben zugeführt.

Eine markante Leistungsprobe stellt wohl die Zubereitung eines Bratens dar, die darum hier kurz beschrieben sei:

Man legt das gewaschene Fleischstück in die mit Fett lediglich dünn ausgestrichene Stromküche, hebt den Deckel darauf und schaltet den Strom ein. Dann brät das Fleisch in seinem eigenen Fett, ohne Spritzen und ohne einen Verlust des Duftgehaltes, der zweifellos auch beim Braten das Vorhandensein wichtiger Nährstoffe anzeigt. Man darf sagen, daß sich in den meisten Fällen die Sonderbereitung einer Sauce erübrigt, weil der würzige Bratensaft völlig ausreicht. Der Prozeß des Bratens geht lediglich unter Zuführung von Oberhitze vor sich, die jedoch dank der guten Leitfähigkeit des Metalls von allen Seiten zur Auswirkung kommt.

Die gleiche Tatsache macht die „Stromküche" auch zu einem idealen Kuchen-Backgerät. Der eingefüllte Teig wird

Bild 14. **Die saubere Arbeitsweise und die Handlichkeit gestatten die Verwendung der Stromküche auch im Zimmer.**

bei der gleichmäßig zugeführten Elektrowärme stetig hochgetrieben und backt dann rings braun, ohne eine harte Kruste anzusetzen oder aber die Lockerheit zu beeinträchtigen. Im Gegenteil dürfte die schöne Bräunung der Oberfläche die Hausfrau vollends davon überzeugen, daß diese Art zu backen für sie in wirtschaftlicher und ästhetischer Hinsicht einen Erfolg darstellt. Vor allem spart man mühsame und kostspielige Vorbereitungen und vermeidet Aerger und Verluste durch angebrannte Kuchen, die sich in vielen Haushaltungen fast zwangsläufig beim Herdbacken einstellen. Ein Kuchen kann vom Einrühren des Teiges bis zum Auftragen des Backwerks in einer Stunde fertig sein. Der unerwartete Kaffeebesuch stellt also für die Besitzerin einer Stromküche kein Schrecknis mehr dar!

Doch die Verwendungsmöglichkeiten des Gerätes sind noch nicht erschöpft. Bekanntlich drängt die moderne Hauswirtschaft seit Jahren zu rationelleren Kochverfahren, und das bereits erwähnte Etagenkochen gewinnt ständig neue Verfechter.

Bild 15. **Etagenkochen mit der Stromküche.**

Auch hier leistet die Stromküche Vorzügliches. (Bild 15.) Dem Gerät ist nämlich ein einfacher Ständer beigegeben, auf den der Deckel umgekehrt gelegt wird, und man hat dann eine Spezialkochplatte, deren Stromzuführung den Gebrauch übereinandergestellter Etagentöpfe gestattet. Man wird allerdings mit einem etwas höheren Stromverbrauch als beim Elektro-Ökonom zu rechnen haben, da die Isolierhaube fehlt. Diese Tatsache wird kompensiert dadurch, daß man mit einem billigen Gerät mannigfache Möglichkeiten in der Küchenwirtschaft hat.

Der Stromverbrauch beträgt 0,3 bis 0,4 Kilowattstunden pro Kopf und Mittagessen. Als Beispiel sei die Zubereitung eines Mittagessens angeführt:

Man kochte in der „Stromküche“

3 Pfund Kaßler mit Bouillon für 4 Personen,

3 Pfund Kartoffeln und

½ Pfund Reis, sodann

zum Nachtisch Kompott und bereitete zum Spülen noch zwei Liter warmen Wassers.

Hierzu brauchte man 1¼ Kilowattstunde.

In günstiger Weise ist besonders die Frage der Kartoffelzubereitung gelöst. Die geschälten Kartoffeln werden durch das im obersten Topf zubereitete warme Wasser leicht vorgewärmt und dann in einem Siebtopf in dem Dampf gargekocht, der sich in den unteren Töpfen beim Kochen der Gemüse entwickelt. Man stellt die Etagentöpfe in fünf verschiedenen Größen her, nämlich für zwei, drei, vier, sechs und acht Personen.

Bild 16. **Ein elektrischer Brat- und Backapparat.**

Besondere Beachtung verdienen die

Brat- und Backapparate

von denen zwei Typen in den Bildern 16 und 17 dargestellt sind. Sehr bemerkenswert ist ihre Unabhängigkeit von jeder weiteren Heizung in der Küche, ferner von jeder Gebundenheit an einen bestimmten Ort. Sie sind in kürzester Zeit betriebswarm und lassen sich je nach den Erfordernissen auf einfache Art regeln. Die jeweils erforderliche Temperatur kann mit einer Schaltvorrichtung, die entweder vorn oder seitlich angeordnet ist, mühelos eingestellt werden. Bei der Zubereitung der Speisen wird der mit dem alten Koch- und Bratverfahren verbundene Gewichtsverlust vermieden. Die Braten schrumpfen also nicht zusammen, hängen nicht an und brauchen nicht gewendet, gedreht und begossen zu werden. Die Fische werden ohne Wasser gleich auf der Anrichteplatte gekocht und geraten auf diese Weise bedeutend nahrhafter und schmackhafter. Eine besondere Stellung unter den Brat-

und Backgeräten nimmt der Sanogreß-Apparat dadurch ein, daß zum Einstellen der erforderlichen Temperatur ein auf der Oberfläche des kastenförmigen Gerätes angebrachtes Thermometer verwendet wird mit der Skala: Kochen, Braten, Backen, Grillen. Sehr beachtenswert erscheint auch die mit

Bild 17. **Im elektrischen Gerät ist ein Verbrennen der Backware unmöglich.**

ihm eingeführte neue Kochweise: das Kochen und Braten in der Tüte ohne Wasser und ohne Fett.

Auf einem ähnlichen Kochprinzip beruhen die anderen Brat- und Backapparate, von denen die

Protos-Brat- und Backröhre

im folgenden kurz behandelt sei (Bild 18 und 19).

Sie greift auf ein an sich uraltes Kochgerät zurück. Man entsann sich bei der Konstruktion der Vorteile, die ein wichtiger und beliebter Bestandteil der alten holzbefeuerten Kamine, die Bratröhre, besaß und schuf nach diesem Vorbild aus starkem Eisenblech ein walzenförmiges Gerät. Hierdurch erzielt man eine glatte kantenlose Form und damit leichte

Reinigung und Bedienung bei gleichmäßiger Wärmeverteilung. Die Protosröhre läßt sich in jeder Küche, welche eine Lichtsteckdose besitzt, ohne weiteres als bequemes Zusatzgerät benutzen. Der Apparat besteht aus einem doppelten röhrenförmigen Metallmantel, außen schwarz

Bild 18. Die Protos-Back- und Bratröhre liefert einen vorzüglichen Braten.

lackiert, innen matt vernickelt und ist durch eine hochwertige Wärmeisolation dazu befähigt, Wärmeverluste weitgehend zu vermeiden. Die Heizelemente befinden sich oben und unten und erzielen eine gleichmäßige Ober- und Unterhitze, welche auch für Blechkuchen ein sehr gutes, allseitiges Garbacken ergibt. Die beigegebene Bratpfanne und das Backblech können je nach Bedarf auf 2 Paar Gleitschienen höher oder tiefer eingeschoben werden. Der Deckelverschluß ist als drehbarer Keilverschluß ausgebildet, der die Tür hermetisch verschließt und dadurch Wärmeverluste praktisch unbedeutend macht. In der Protos-Röhre kann bequem eine 12-pfündige Gans untergebracht werden.

Das Gerät eignet sich zum Braten und Backen, ferner vortrefflich zum Schmoren, Dünsten, Rösten, Warmhalten, Aufbacken von Brötchen, Tellerwärmen und auch Kochen, letzteres in Verbindung mit der Kochplatte, welche das Ankochen übernimmt, während die Bratröhre bei geringem Wasserzusatz zum Fortkochen dient. Auch Kuchen, Torten und Kleingebäck geraten vorzüglich in diesem Gerät. Fisch-

Bild 19. **Die Erlösung aus der Notwohnung: Elektrische Geräte machen von Wirtin und gemeinsamer Küchenbenutzung unabhängig.**

gerichte werden ohne Wasserzusatz auf der gleichen Glas- oder Porzellanschale, auf der sie angerichtet werden, gargedünstet, und da das sonst übliche Auslaugen fehlt, erübrigt sich jede künstliche Würzung beim Auftragen. Der gedämpfte Fisch vermag erst eine Vorstellung davon zu geben, wie Fisch überhaupt schmeckt. Ein Zerspringen der Schalen (auch beim Dünsten von Obst usw.) ist nicht zu befürchten, da das die gleichmäßige elektrische Hitze im heißen Luftraum unmöglich macht.

Bemerkenswert ist wieder die große Fetterspamis unter Vermeidung der Saftverdunstung bei geringem Wasserzusatz und leichte Verdaulichkeit bei kleineren Portionen unter vollwertiger Erhaltung der Vitamine nach neuzeitlichen ernährungs-wissenschaftlichen Grundsätzen. Ein Braten kann ohne Fettzusatz im eigenen Saft zubereitet werden und zeigt rings gleichmäßig schöne Bräunung.

Zusammenfassend genüge die Feststellung, daß bei dem luftdichten Abschluß des Gerätes der Brat- und Kochvorgang ohne grelle Hitze unter gleichmäßiger Einwirkung von heißer Luft vor sich geht. Aus diesem Grunde ist ein Anbrennen oder Überkochen der Speisen ausgeschlossen, und eine stete Überwachung des Kochvorganges erübrigt sich.

Bild 20. **Der vom Elektrizitätswerk Stockholm entwickelte Sevesherd.**

Als Zusatzgeräte werden geliefert: eine Wärmehaube, die auf jede Bratröhre ohne weiteres aufgestülpt werden kann und dazu dient, fertige Speisen (ersten Gang) oder Teller warm zu halten bzw. zu wärmen, ferner eine automatische Schaltuhr, mittels welcher die Hausfrau bei ihrem Fortgang das Ein- und Ausschalten automatisch bewirken kann, was ja infolge der genau vorher bestimmbaren Herstellungszeit ohne weiteres möglich ist. Der Stromverbrauch der Protos-Röhre hält sich in mäßigen Grenzen.

Am Schluß sei noch kurz auf den vom Elektrizitätswerk Stockholm in jahrelanger Arbeit entwickelten Wärmespeicherherd

Seves

hingewiesen (Bild 20), mit dem bisher namentlich in Schweden sehr gute Resultate erzielt worden sind und dessen Anwendung in Zukunft auch in Deutschland erfolgversprechend ist, wenn auch der weitgehenden Einführung bisher der hohe Anschaffungspreis hinderlich war. Auch diesem Gerät liegt der Gedanke zugrunde, den billigen Nachtstrom nach Möglichkeit auszunutzen.

Zu diesem Zwecke wird einem sorgfältig wärmeisolierten Eisenkern von zwei getrennten, elektrisch beheizten Widerstandsspulen Wärme zugeführt. Eine dieser Spulen ist Tag und Nacht angeschlossen (200 Watt) und hält den Eisenblock dauernd auf einer Temperatur von etwa 500° Celsius. Die andere Spule (300 Watt) wird durch eine selbsttätig arbeitende Schaltvorrichtung dann angeschlossen, wenn durch das Kochen die Temperatur des Eisenkernes unter 500° Celsius gesunken ist. Die Oberfläche des Kernes ist eben geschliffen und läßt sich als Herdplatte verwenden. Bei Nichtgebrauch wird der Kern durch einen gut wärmeisolierenden Deckel abgeschlossen. Mit Hilfe eines Knopfes können drei bewegliche Stifte gehoben und gesenkt werden, um den darauf stehenden Töpfen durch Änderung des Abstandes vom heißen Kern die jeweils erforderliche Wärme zuzuführen. Unterhalb des Eisenkernes liegt eine von vorn leicht zugängliche Kochkammer, die auf einer praktisch gleichmäßigen Temperatur von 90° Celsius gehalten wird. Eine wertvolle Arbeitsersparnis wird dadurch erreicht, daß die Speisen nur auf der Kochstelle in kurzer Zeit auf 100° Celsius erhitzt zu werden brauchen, um dann in der Kochkammer vollkommen sich selbst überlassen bleiben zu können. Versuche mit diesem Herd haben ergeben, daß eine Temperatur von 90° Celsius für ein langsames Kochen ohne Verdampfung geeignet und für die meisten Speisen in Anbetracht der Erhaltung der Nährwerte der sonst üblichen Temperatur von 100° Celsius weit überlegen ist. Nähere Mitteilungen von Dr. A. Ekström, Stockholm, über diesen Herd finden sich in dem von der Vereinigung der Elektrizitätswerke Berlin, herausgegebenen Verhandlungsbericht der Hauptversammlung 1927 auf Seite 19, so daß die Betrachtungen an dieser Stelle mit dem Hinweis auf die große Zufriedenheit der Hausfrauen geschlossen werden können, die sich im eigenen Haushalt von der Leistungsfähigkeit dieses Herdes überzeugen konnten.

III. Kochplatten und Tischherde.

Für schnell herzurichtende Speisen, wie Spiegeleier usw., bedient man sich in Ergänzung der oben beschriebenen Sparapparate der

Kochplatte

(Bild 21 u. 22). Dieser Aufgabe entsprechend muß ihre Konstruk-

Bild 21. **Die Kochplatte.**

tion durchgebildet sein. Nicht alle auf den Markt gebrachten Platten entsprechen den billigerweise an sie zu stellenden Anforderungen. Beim Einkauf dieser Geräte ist also eine gewisse Vorsicht zu üben. Schnelligkeit in der Zubereitung der Speisen bei möglichst sparsamem Stromverbrauch bedingt in erster Linie eine geringe Wärmekapazität der Platte. Diese Eigenschaft ist bei nicht allzu hohem Anschlußwert daran erkenntlich, daß die Platte nach der Stromeinschaltung in ungefähr 1 Minute, bei größeren Platten in ungefähr 1½ Minute eine Temperatur erhalten hat, die einen Tropfen Wasser aufzischen läßt. Ein

Bild 22. **Der Silvesterpunsch.**

genügend hoher Anschlußwert ist hierfür Voraussetzung. Für Platten mit einem Durchmesser von etwa 10 Zentimetern sollte der Anschlußwert nicht unter 500 Watt, für solche mit einem Durchmesser von etwa 20 Zentimetern nicht unter 1000 Watt liegen.

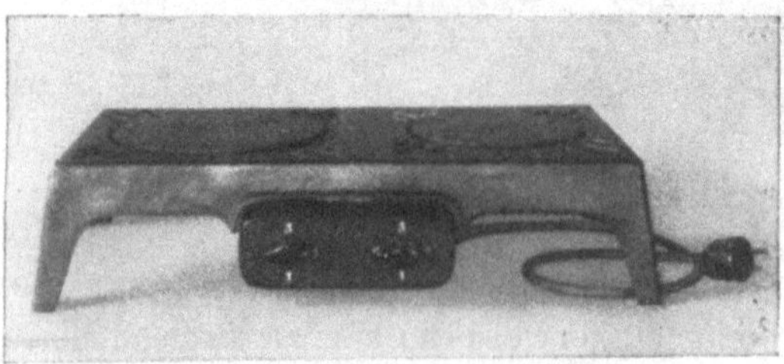

Bild 23. **Heizplatte mit 2 Kochstellen.**

Um den Stromverbrauch niedrig zu halten, empfiehlt es sich, Töpfe zu verwenden, die möglichst den gleichen Durchmesser haben wie die Kochplatte. Ferner ist darauf zu achten, daß der Topfboden eben ist. Töpfe mit dünnwandigen Böden haben sich nicht bewährt, weil sie sich schon nach kurzer Zeit werfen. Der Stromverbrauch erhöht sich hierdurch beträchtlich.

Bild 24. **Elektrischer Tischherd mit untergebauter Bratröhre.**

Bisher wurde in Deutschland besonders schweres Aluminiumgeschirr empfohlen. Dieses Geschirr stellt sich leider relativ teuer und wirft sich bei längerem Gebrauch auch bei bester Ausführung mit verstärktem Boden doch etwas, so daß von einer vollständigen Planhaltung des Bodens im Dauerbetriebe nicht gesprochen werden kann. Vornehmlich in der Schweiz half man sich dadurch, daß man Aluminiumtöpfe mit Gußböden verwandte. Seit einiger Zeit wird nun von der Württembergischen Metallwarenfabrik Silitstahlgeschirr auf den Markt gebracht, das zum Gebrauch auf elektrischen Kochplatten und Herden besonders geeignet erscheint. Es ist ungefähr nur ein halb mal so teuer wie schweres Aluminium bei fast unbegrenzter Haltbarkeit. Innen sind die Geschirre mit einer Art Emaille überzogen, die nicht abspringt, auch wenn die

Bild 25. **Tischherd mit 3 Kochstellen verschiedener Stärke.**

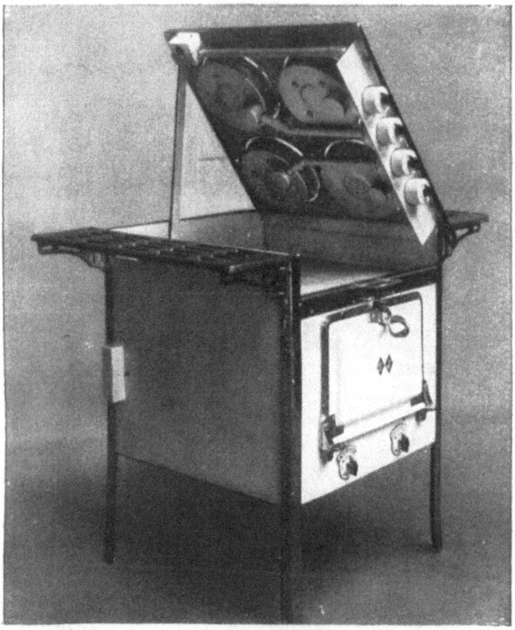

Bild 26. Die stabile Bauart gewährleistet große Betriebssicherheit.

Töpfe starken Beanspruchungen ausgesetzt werden. Für elektrische Herde und Kochplatten können diese Geschirre auch mit besonders eben gearbeiteten Böden geliefert werden.

Kochplatten mit höherem Anschlußwert (durchschnittlich von 1000 Watt an) werden in drei Stufen regelbar geliefert. Für den praktischen Gebrauch wird die Hausfrau meist mit

Bild 27. Anordnung der Schalttafel über dem elektrischen Herd.

Bild 28. **Eine elektrische Musterküche.**

zwei Stufen auskommen: Die volle Schaltung für das Anheizen und die schwache Schaltung für das Weiterkochen. Der Geschicklichkeit der Hausfrau bleibt es überlassen, den Stromverbrauch dadurch zu mindern, daß sie die Kochplatte schon kurz vor Beendigung des Kochprozesses ganz ausschaltet, um die auch bei geringer Wärmekapazität der Platte aufgespeicherte Wärmemenge zum Fertigkochen auszunutzen.

Verschiedene Firmen bringen die sogenannten offenen Glühkochplatten auf den Markt. Die Heizdrähte liegen in einer Schamottemasse eingebettet offen da. Trotz des ersten bestechenden Eindruckes, den die glühenden Drähte zweifellos auslösen, fanden diese Platten doch nicht ungeteilten Beifall, und zwar auf Grund der damit eventuell verbundenen Unzuträglichkeiten. Bei

Bild 29. **Ausschnitt aus der bei der Zentrale der Hausfrauenverbände eingerichteten elektrischen Küche.**

dem stark ausgeprägten Reinigungsbedürfnis mancher Hausfrauen wäre der Fall durchaus denkbar, daß eine Drahtborste bei der Reinigung der durch verschüttete Speisen verschmutzten Heizspirale hängen bleibt und beim Wiedereinschalten den Kochtopf unter elektrische Spannung bringt. Unliebsame Ereignisse entstehen in der Praxis oft aus merkwürdigen Anlässen, wie sie die kühnste Phantasie vorher nicht zu konstruieren vermag. Deshalb sollten im Haushalt grundsätzlich alle offenen spannungführenden Teile vermieden werden.

Bild 30. **Elektrischer Tischherd mit vier runden Kochstellen und zwei Bratröhren.**

Abgesehen von den Forderungen für die Sicherheit wird die Eigenschaft einer möglichst guten und schnellen Kochweise für die Platten maßgebend sein. Versuche haben nun ergeben, daß die Ankochzeit

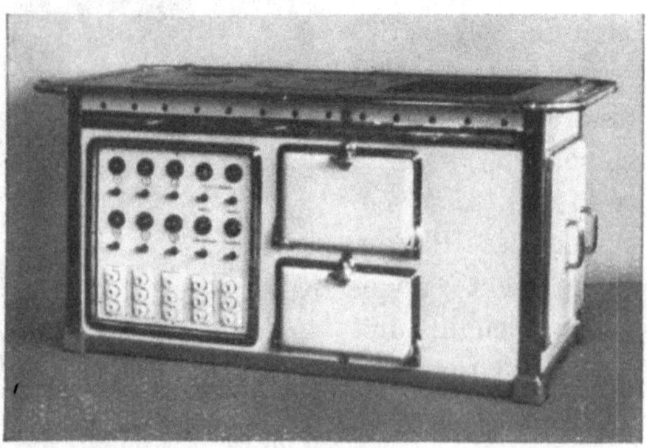

Bild 31. **Elektrischer Tischherd mit zwei Bratröhren und seitlich angeordnetem Wärmschrank.**

z. B. beim Erhitzen von 1 Liter Wasser auf 100^0 auf der geschlossenen Platte ebenso kurz ist wie auf der offenen, der Wirkungsgrad ist hiernach bei beiden Arten ungefähr der gleiche. Einen wirtschaftlichen Vorteil bringt also die Verwendung der offenen Platte gegenüber der geschlossenen nicht.

Bild 32. **Die Schalter dieses Herdes sind zur besseren Übersichtlichkeit an der Wand montiert.**

Für Haushaltungen, in denen man mit einer Ergänzung der stromsparenden, direkt beheizten Koch- und Bratgeräte durch eine Kochplatte nicht auszukommen glaubt, sind Platten mit zwei Kochstellen ausgebildet worden, wie z. B. in Bild 23 dargestellt. Jede der beiden Platten ist getrennt einschaltbar und kann in drei Stufen reguliert werden. Diese Einrichtung der Küche kann jedoch dazu verleiten, sich der Kochplatten unter Umgehung der Spargeräte in Anlehnung an die alte Kochweise mehr als nötig zu bedienen. Deshalb sei nochmals ausdrücklich darauf aufmerksam gemacht, daß der Stromverbrauch der Kochplatten nicht unwesentlich höher liegt als der der direkt beheizten Geräte. Das trifft besonders dann zu, wenn es sich um das einmalige Erwärmen von Wasser handelt, z. B. beim Tee- und Kaffeekochen. Wirtschaftlicher dagegen wird der Betrieb bei der Bereitung vollständiger Mahlzeiten, also wenn längere Zeit ohne Unterbrechung gekocht werden muß. Will man auf die im vorhergehenden Kapitel beschriebenen Spargeräte ganz verzichten, um die alte Kochweise im vollen Umfange beibehalten zu können, so bedient man sich der elektrischen Tisch- und Kochherde mit unter- oder angebauten Bratöfen, die nun in den verschiedensten Ausführungsformen und Größen ausgebildet worden sind. Die Bilder 24 bis 33 vermögen nur einige Fabrikate zu zeigen. Selbstverständlich sind auch hier die Regulierungsmöglichkeiten in dem gleichen Umfange vorgesehen wie bei den einzelnen Geräten.

Bild 33. **Der geringe Platzbedarf des elektrischen Herdes macht auch in einer kleinen Küche das Arbeiten erträglich.**

Nach dem oben Gesagten ergeben sich also für den Durchschnittshaushalt grundsätzlich zwei verschiedene Arten von Kücheneinrichtungen: die eine besteht aus einem Spargerät (Elektro-Ökonom oder Elektro-Columbusdampfhaube) und einer bis zwei Kochplatten und evlt. einem Bratofen, die andere besteht aus einem Tischherd mit zwei bis drei Kochstellen und angebautem Bratofen. Die Heißwassereinrichtung ist für beide Küchenarten die gleiche und setzt sich aus einem Heißwasserspeicher (siehe Kapitel IV) und einem Schnellkocher bzw. einem Tauchsieder zusammen.

IV. Die Heißwasserbereitung.

Zweckmäßige Heißwasserbereitung stellt, wie bereits eingangs hervorgehoben wurde, eine wesentliche Voraussetzung zum wirtschaftlichen Betrieb einer elektrischen Küche dar, und dieser Tatsache muß bei der Einrichtung des modernen hauswirtschaftlichen Betriebes Rechnung getragen werden. Die mannigfachen Heißwassergeräte mögen deshalb nur nach sorgfältiger Prüfung der jeweiligen örtlichen Verhältnisse und am besten unter Hinzuziehung der vom Elektrizitätswerk gern zur Verfügung gestellten Fachleute ausgewählt werden.

Den Bedürfnissen des Haushaltes nach billiger Erzeugung und steter Bereitschaft von Heißwasser wird am besten der

elektrische Heißwasserspeicher

mit seiner einfachen und gefahrlosen Bedienung gerecht. (Bild 34). Da die meisten Elektrizitätswerke aus wirtschaftlichen Gründen den Nachtstrom billig abgeben können, so ist der Heißwasserspeicher das geeignete Gerät, diese Vorteile auszunützen und die nachts zugeführte Wärme für den täglichen Gebrauch ohne neue Stromeinschaltung zu speichern.

Die Abgabe des Stromes zu Vorzugspreisen während der Nacht hat ihre Berechtigung kurz in folgendem. Die tägliche Belastung der Elektrizitätswerke ist starken Schwankungen ausgesetzt, mit anderen Worten: zu gewissen Stunden eines Tages wird viel Strom, zu anderen weniger abgenommen; der geringste Strombedarf liegt während der Nachtstunden vor. Die Anlagen der Elektrizitätswerke, sowohl für Stromerzeugung als auch für Stromverteilung müssen aber für die jeweilige Höchstbelastung ausreichend bemessen sein, so daß sie während der weitaus größten Zeit nicht voll ausgenutzt werden können. Zeichnet man die Belastung über der Zeit auf, so erhält man eine Schaulinie oder Kurve, die dort ansteigt, wo starke Belastung angedeutet werden soll, in Zeiten schwacher Belastung, vornehmlich nachts, aber absteigt, ein Tal bildet. Um wirtschaftlich arbeiten zu können, müssen die Elektrizitätswerke also vor allem darauf bedacht sein, diese „Täler" ihrer Belastungskurven auszufüllen, und werden mit Rücksicht hierauf nachts den Strom besonders preiswert abgeben.

Bild 34. **Der elektrische Heißwasserspeicher.**

Die Heißwassergeräte sind heute bereits derart vervollkommnet, daß man von Verlusten durch Wärmeausstrahlung praktisch nicht sprechen kann; denn der Temperaturverlust des Wassers beträgt je nach der Mischung nur 0,5—1° Celsius pro Stunde. Wenn also der Heißwasserspeicher morgens Wasser mit einer Temperatur von 85° spenden kann, so wird abends noch 75 grädiges Wasser zur Verfügung stehen.

Der Speicher wird durch eine Schaltuhr zu den vorgeschriebenen Zeiten selbsttätig ein- und ausgeschaltet, und Temperaturregler und Sicherheitsventile beugen allen Gefahren vor. Ohne jegliche Bedienung oder Wartung spendet das Gerät das fast zu jeder hauswirtschaftlichen Handlung nötige Heißwasser, man braucht nur den Heißwasserhahn aufzudrehen.

Der Speicher stellt einen Wasserbehälter dar, der von einer ausgezeichneten Wärmeisolierung umkleidet ist. Diese wieder wird nach außen von einem Blechmantel geschützt. Die elektrische Beheizung ist für eine Heizdauer von 8—10 Stunden vorgesehen. Hierdurch wird der Wattanspruch (Anschlußwert) der Speicher so gering, daß sie in mittleren Haushaltungen vielfach noch an die Lichtleitung bzw. Steigleitung an-

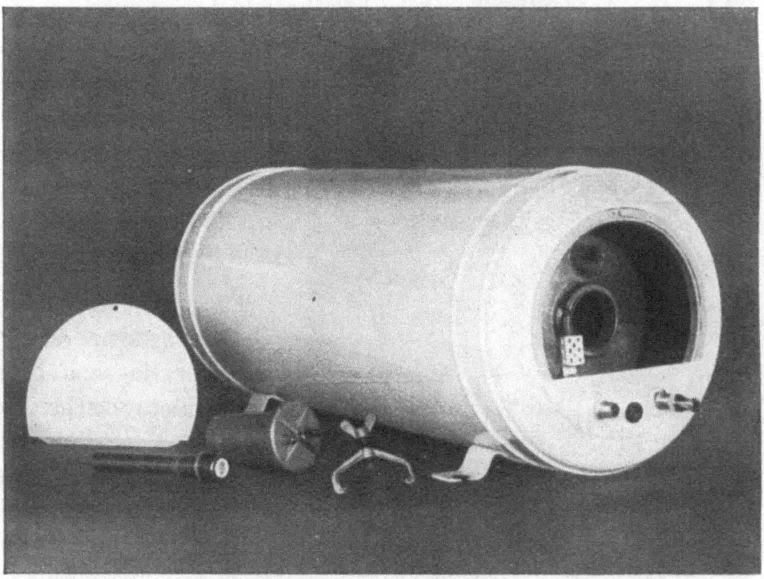

Bild 35. **Ein elektrischer Heißwasserspeicher in seine Einzelteile zerlegt.**

geschlossen werden kann —, eine besondere Kraftleitung erübrigt sich also. Die kleineren Speicher werden meist vom Boden aus, die größeren von der Seite durch Patronenheizkörper aufgeheizt. Diese sind vielfach in Rohrhülsen eingebettet und können ohne Entleerung des Speichers leicht ausgewechselt werden. Auch an die Hülse kann man zu Reinigungszwecken leicht herankommen. Eine besondere Hülse dient zur Aufnahme des Temperaturschalters (Thermostaten). Bild 35 zeigt die Einzelteile eines Heißwasserspeichers.

Die Speicher werden in zwei Bauarten hergestellt, und zwar:

1. als Hochdruckspeicher (meist in stehender Anordnung).
2. als Niederdruckspeicher (meist in hängender Anordnung).

Die

Hochdruckspeicher

werden für einen Betriebsdruck von 6—8 Atmosphären gebaut und eignen sich zur Versorgung mehrerer Zapfstellen. Sie kommen nur zur Belieferung eines ganzen Hauses oder eines größeren Haushaltes in Frage. Die Zapfstellen können hierbei in höher- oder tieferliegenden Stockwerken in beliebiger Anzahl angebracht werden.

Bild 36. **Der Heißwasserspeicher in der Küche.**

Für die Warmwasserversorgung kleinerer und mittlerer Haushaltungen sind Niederdruckspeicher geeignet. Deren Betriebsdruck beträgt nur etwa 1 Atmosphäre, deshalb müssen sie durch besondere Vorkehrungen vor dem bis zu etwa 4 Atmosphären gehenden Druck der Wasserleitung geschützt werden.

Die

Niederdruckspeicher

können als Überlauf- und als Auslaufspeicher gebaut werden.

Bei den

Überlaufspeichern

tritt das kalte Wasser durch Öffnen eines Hahnes unten in den Behälter ein und drückt das heiße Wasser durch ein Überlaufrohr nach außen. Der Speicher ist also stets mit Wasser gefüllt, eine Überhitzung der Heizkörper ist somit ausgeschlossen. Die Anordnung auch mehrerer Zapfstellen ist bei geschlossenen

Überlaufspeichern möglich. Damit der Betriebsdruck den höchstzulässigen Wert von 1 Atmosphäre nicht überschreitet, nimmt man zur Sicherung ein sogenanntes Schwimmergefäß.

Der

Auslaufspeicher

hingegen gestattet ohne weiteres die Verwendung mehrerer Zapfstellen. Wie die Bezeichnung schon vermuten läßt, werden diese Speicher abends mit kaltem Wasser gefüllt, während der Nacht aufgeheizt und tagsüber entleert. Dies hat allerdings den Nachteil, daß der Behälter täglich vor der Aufladung wieder mit Wasser gefüllt werden muß. Die Bauart ist trotzdem für die Küche besonders vorteilhaft, weil hier im allgemeinen großer Wert auf möglichst hohe Temperatur des Heißwassers gelegt wird. Bei den Überlaufspeichern läßt es sich nie ganz unterbinden, daß das im Behälter befindliche heiße Wasser sich mit dem nachfließenden kalten Wasser vermischt, obwohl dies durch Verwendung eines Stausiebes zur Vermeidung der Wirbelung stark eingeschränkt wird und das spezifisch leichtere heiße Wasser nur eine verhältnismäßig kleine Berührungsfläche mit dem kalten Wasser hat. Der Einfluß des kalten Wassers macht sich meist bei einer 70prozentigen Entleerung des Behälters bemerkbar. Für Badewasser spielt dieser Umstand offenbar keine Rolle, zumal ein Wärme- bzw. Energieverlust hiermit ja nicht verbunden ist, wohl aber für Wasser zu Kochzwecken, bei dem Wert auf möglichst schnelle Erreichung der Siedetemperatur gelegt wird.

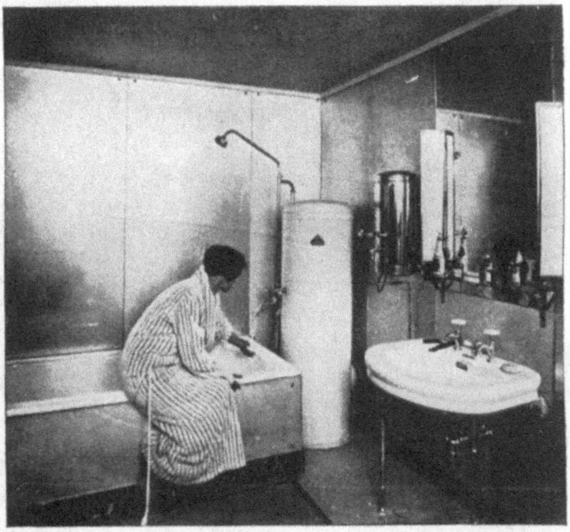

Bild 37. **Der elektrische Heißwasserspeicher im Bad.**

Diese Überlegungen ergeben auch die Richtlinien, die bei der Projektierung der Warmwasserversorgung eines Haushaltes zu beobachten sind. Für Küche und Bad sind zweckmäßig zwei getrennte Heißwasserspeicher aufzustellen. In der Küche wird am besten ein Auslaufspeicher vorgesehen, einmal weil sich seine Größe zuverlässig dem ziemlich gleichbleibenden Küchenbedarf anpassen läßt, zum anderen, weil — wie schon erwähnt — in den weitaus meisten Fällen Wasser möglichst hoher Temperatur erwünscht ist. (Bild 35).

Bild 38. **Der Heißwasserspeicher im Waschraum.**

Bei der Größenauswahl des Speichers macht man erfahrungsgemäß meist den Fehler, daß man zu kleine Speicher nimmt. Speicher mit einem Inhalt von 25 l sind für einen Haushalt von 2 Personen eben ausreichend. Mittlere Haushaltungen wählen am besten die 50-l-Type. Allgemein muß mit einem Verbrauch von 10 Litern heißen Wassers pro Kopf und Tag als unterer Grenze gerechnet werden, und zwar für den reinen Küchenbedarf, also ohne Badewasser. Die große Bequemlichkeit der Heißwasserspeicher hat meist einen erhöhten Verbrauch von warmem Wasser zur Folge, der besonders dann in Erscheinung tritt, wenn unsorgfältige Bedienstete im Haushalt tätig sind. Schon aus hygienischen Gründen wäre es aber falsch, mit der Sparsamkeit gerade beim Heißwasser zu beginnen, abgesehen davon, daß es der Hausfrau möglich sein wird, einer Verschwendung des heißen Wassers zu steuern.

Im Bad wird man zweckmäßig einen Überlaufspeicher aufstellen, dessen Größe durch das Bad selbst gegeben ist. (Bild 37 und 38.)

Wird ein gemeinsamer Speicher für Bad und Küche angeordnet, so gestaltet sich der Betrieb nicht so wirtschaftlich wie bei getrennter Warmwasserversorgung. Zunächst werden nicht an allen Tagen die gleiche Anzahl Bäder genommen werden; infolgedessen kann der Speicher nur an wenigen Tagen bis zu seiner vollen Leistungsfähigkeit ausgenutzt werden. Außerdem ist es zweckmäßig, die langen Heißwasserleitungen der Abwärmeverluste wegen zu vermeiden, was bei einem gemeinsamen Speicher für Bad und Küche nicht immer möglich sein dürfte.

Bild 39. **Vollautomatisch arbeitender Heißwasserspeicher.**

Somit bildet der Heißwasserspeicher die Grundlage für die Wasserversorgung des elektrischen Haushaltes, bzw. der elektrischen Küche. Er wird vortrefflich durch die bereits bekannten elektrischen Geräte ergänzt, wie z. B. den direkt beheizten Schnellkocher, den Tauchsieder, die Kochplatte, die Kaffee- und Teemaschine usw.; das dem Speicher entnommene, bereits sehr heiße Wasser wird dann in diesen Geräten in ganz kurzer Zeit zum Sieden gebracht.

Diese Arbeitsweise wird bezüglich der Schnelligkeit auch den höchsten Ansprüchen der Hausfrau gerecht werden.

Verzichtet man auf die Verwendung des billigen Nachtstromes zur Erwärmung des Wassers, so kann man sich eines Speichers bedienen, wie er in den Bildern 39 und 40 dargestellt ist. Dieser Speicher schaltet sich auch tagsüber dann selbsttätig ein, wenn die Wassertemperatur unter eine gewisse Grenze gesunken ist.

Der

elektrische Schnellkocher

wird im Bild 41 gezeigt. In Anbetracht seiner Volkstümlichkeit erübrigt sich wohl eine eingehende Beschreibung. Ohne daß die Güte der Kocher mit Bodenheizung in Frage gestellt werden soll, sei darauf hingewiesen, daß besonders gute Erfahrungen in bezug auf Wirtschaftlichkeit und Betriebssicherheit mit den wandbeheizten Kochern gemacht wurden, bei denen die Heizwiderstände seitlich angeordnet sind. Besonderen Anklang fanden auch die direkt beheizten Aluminiumkocher, weil sie sich leicht reinigen lassen, ein geringes Gewicht haben und — billiger sind.

Bild 40. **Die stete Bereitschaft heißen Wassers macht den elektrischen Heißwasserspeicher unentbehrlich.**

Auch der

Tauchsieder

(Bild 42) hat sich zur Bereitung kleinerer Mengen heißen Wassers bestens bewährt. Er bringt 1 Liter Wasser von 8 Grad Celsius in etwa 6 Minuten zum Sieden. Selbstverständlich wird diese Zeit bei Entnahme heißen Wassers aus dem Speicher ganz bedeutend verkürzt. Besonders günstige Resultate wurden mit dem als Ringheizkörper ausgebildeten Tauchsieder erzielt. (Bild 44.)

Bild 41. **Der direkt beheizte, elektrische Schnellkocher.**

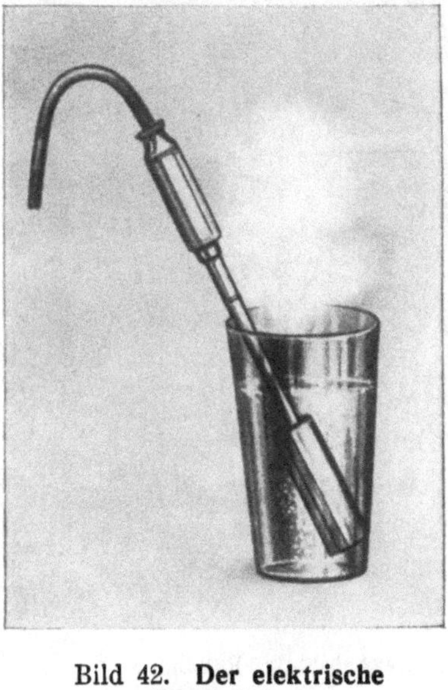

Bild 42. **Der elektrische Tauchsieder.**

Bild 43. **Die elektrische Kaffeemaschine.**

Zur Kaffee- und Teebereitung bedienen sich die Hausfrauen gern der

elektrischen Kaffee- und Teemaschinen,

die teils ganz, teils halb automatisch arbeiten und ihrer

Sauberkeit, Bequemlichkeit und geschmackvollen Ausführung wegen sehr beliebt geworden sind. (Bild 43.) In kurzer Zeit wird das dem Speicher entnommene heiße Wasser zum

Bild 44. **Der als Ringheizkörper ausgebildete Tauchsieder.**

Sieden gebracht, durch ein Steigrohr hochgeschleudert und gleichmäßig über das in einem Siebbehälter befindliche Kaffeemehl verteilt. Der gefilterte Kaffee sammelt sich in einem Behälter und kann mit Hilfe eines Ablaßhahnes direkt in die Tassen gefüllt werden.

Die Teemaschine (Bild 46) wird mit Wasser gefüllt und angeschlossen. Beim Sieden des Wassers kann ein durch eine sinnreiche Vorrichtung am Deckel befestigtes Teesieb

Bild 45. **Der Besuch.**

in das siedende Wasser getaucht werden, bis die gewünschte Stärke des Tees erreicht ist. Dann wird das Teesieb wieder in den Deckel hochgezogen.

Die Kaffee- und Teemaschinen gewährleisten ein außergewöhnlich feines Aroma des Getränkes, gestatten die Zubereitung im Wohnzimmer auf dem Eßtisch, z. B. vor den Augen der Besucher und somit auch die dauernde Anwesenheit der Hausfrau bei Tisch. Werden hierzu noch die ebenfalls lieferbaren dazu passenden Sahnengießer, Zuckerdosen und Tablette in ihrer adretten, hochglanzvernickelten Ausführung aufgestellt, so wird der Anblick des Tee- oder Kaffeetisches für jeden Besucher einen ästhetischen Genuß darstellen (Bild 45.)

Bild 46. **Die elektrische Teekanne.**

Die immer wieder zu hörende Behauptung, die Verwendung metallener Geräte vermindere den Geschmack der Getränke, ist durch Versuche von Feinschmeckern mit verschieden zubereiteten Proben, deren Zubereitung den Versuchspersonen aber verschwiegen wurde, einwandfrei widerlegt worden.

Allerdings ist es erforderlich, daß derartige Geräte nicht nur an hohen Festtagen benutzt werden, sondern laufend im Gebrauch sind.

V. Kühlschränke und Hilfsgeräte.

Die elektrotechnische Industrie hat für die elektrische Küche noch eine ganze Reihe praktischer Geräte entwickelt, die die Arbeit der Hausfrau wesentlich erleichtern können, da sie eine wertvolle Ergänzung der oben beschriebenen aus Heißwasser-, Koch- und Bratgeräten bestehenden Küche darstellen. Wenn sie auch in Anbetracht der für sie aufzuwendenden Geldmittel bei der Einrichtung der elektrischen Küche erst in zweiter Linie rangieren, so dürfen sie doch ihrer außerordentlichen Vorteile wegen hier nicht unberücksichtigt bleiben, zumal sie an die allgemeine elektrische Ausrüstung der Küche nicht gebunden sind, sondern auch mit größtem Erfolge in jeder anderen kohle- oder gasbeheizten Küche verwendet werden können.

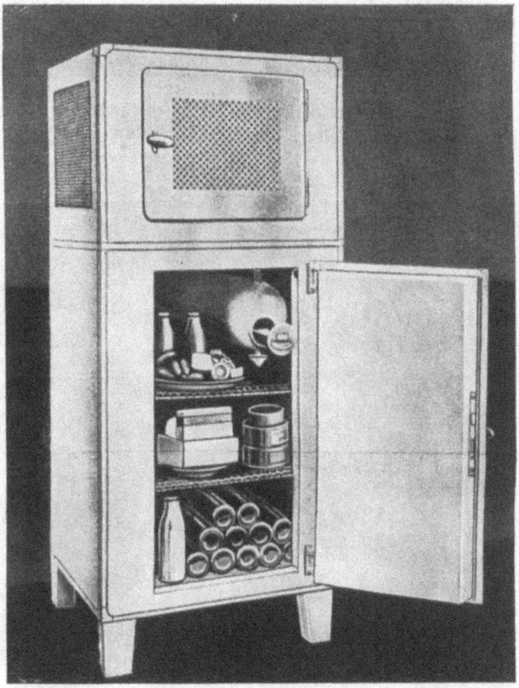

Bild 47. Der elektrische Kühlschrank.

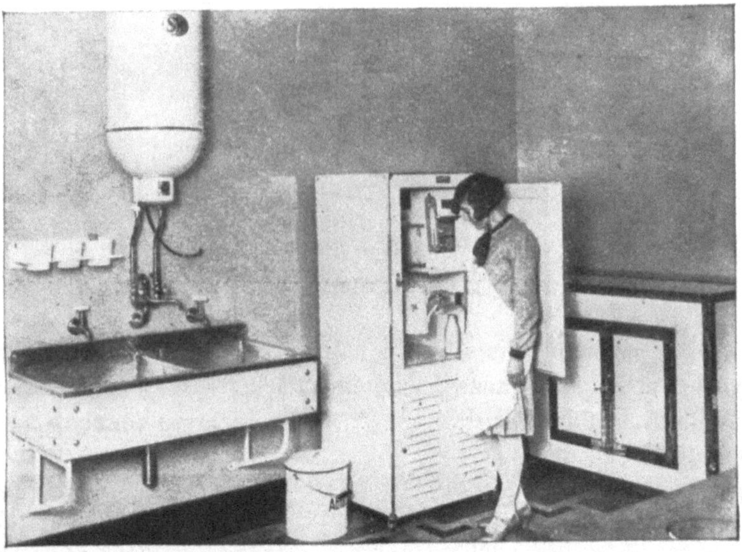

Bild 48. **Der elektrische Kühlschrank im Haus erspart namentlich in den heißen Sommermonaten viel Ärger und — Geld.**

Bild 49. **Die einzelnen Arbeitsmaschinen lassen sich in einfacher Weise mit dem Küchenmotor verbinden.**

Hierzu gehören in erster Linie die elektrischen **Kühlschränke** (Bild 47, 48 u. 50). Den Wert solcher Kühlschränke, vor allem während der heißen Sommermonate zur Frischhaltung der Speisen, vermag die Hausfrau selbst am besten zu beurteilen, besonders wenn sie in einer Gegend — wie in Vororten oder auf dem Lande — wohnt, in denen Eis nur umständlich und teuer oder überhaupt nicht zu beschaffen ist. Wie alle anderen elektrischen Geräte sind

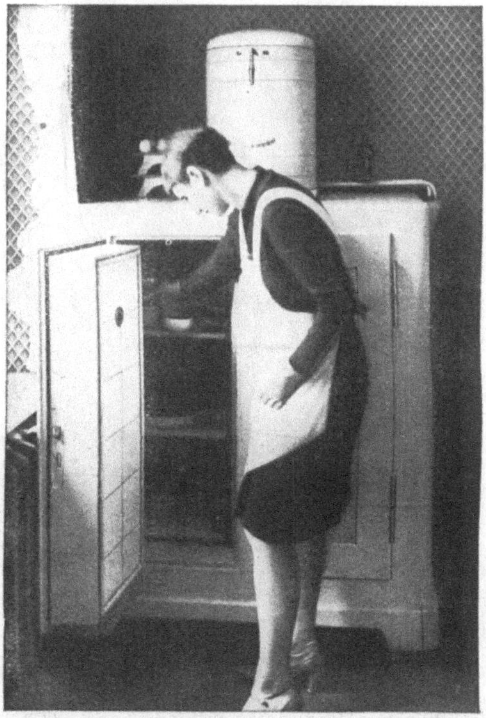

Bild 50. **Elektrischer Kühlschrank anderer Bauart.**

auch die elektrischen Kühlschränke leicht und ohne besondere Vorkenntnisse in Betrieb zu setzen. Sie können sogar voll automatisch geliefert werden, so daß sich jegliche Bedienung überhaupt erübrigt. Ein Temperaturregler schaltet hierbei selbsttätig den

Bild 51. **Der Küchenmotor.**

Strom ein, sobald die Temperatur im Kühlschrank die vorgeschriebene Grenze überschritten hat. Dieser Kühlschrank kann also Tag und Nacht unbeaufsichtigt sich selbst überlassen bleiben, ohne daß man ein Verderben der Speisen infolge unerwünscht hoher Temperatur befürchten muß. Auch die Bedienung der halbautomatischen Kühlschränke ist überaus einfach und besteht lediglich in der Einlegung des Schalters bei Beginn der täglichen Heizperiode. So sonderbar es auch klingen mag, die Kälte wird hier durch elektrische Wärme erzeugt. Diese verdampft nämlich eine Kälteflüssigkeit, die dann in gasförmigem Zustande durch eine Kühlschlange hindurchströmt. Hier wird sie durch das die Kühlschlange umspülende Kühlwasser im Verein mit dem beim Kochen entstandenen Druck verflüssigt, die reine Flüssigkeit gelangt in die Kühlrippen. Bei der Verdunstung dieses

Bild 52. **Gerade das Reiben der Semmel war früher so anstrengend.**

Bild 53. **Die elektrische Wärmplatte.**

Kondensats wird Wärme verbraucht, die dem Kühlraum entzogen wird und diesen auf der niedrigen Temperatur hält. Normalerweise sind die Kühlschränke so konstruiert, daß die Kochzeit ein bis zwei Stunden, die Kühlzeit 22 bis 23 Stunden dauert, so daß täglich einmal geheizt werden muß. Ein für einen mittleren Haushalt ausreichend bemessener Kühlschrank von ungefähr 200 Liter Nutzinhalt verbraucht auf diese Weise etwa 2,5 kWh täglich.

Ein besonders augenfällig kraft- und zeitsparendes Hilfsgerät bietet sich der Hausfrau im

Küchenmotor,

wie er in den Bildern 49, 51 u. 52 gezeigt wird. Er läßt sich in einfacher Weise unter Vermeidung besonderer Riemenantriebe mit den verschiedensten Haushaltungs maschinen verbinden, von denen nur an die Kaffeemühle, die Saftpresse, den Brotschneider, die Messerputz-, Schneeschlag- und Eismaschine erinnert sei. Die Motoren sind in verschiedenen Größen zu erhalten. Auch ein mittlerer Haushalt wird noch mit der kleinsten Type auskommen. Der Stromverbrauch ist sehr gering, und zwar beträgt die Motorenleistung 180 Watt. Das bedeutet, daß der Motor 5—6 Stunden in Betrieb sein kann, ehe eine Kilowattstunde verbraucht ist.

Bild 54. **Der elektrische Wärmschrank.**

Die Bilder 53 und 54 zeigen ein anderes elektrisches Hilfsgerät: die

Wärmplatte.

Kommt der hohe Hausherr auch unpünktlich zu Tisch, so pflegt er doch gutes, warmes Essen zu beanspruchen. Meinungsverschiedenheiten dieserhalb erstickt die Wärmplatte im Keime und dazu ohne große Kosten. In vier Stunden ist erst eine

Bild 55. **Der elektrische Brotröster ist bei der Kaffeetafel unentbehrlich.**

Kilowattstunde verbraucht. Sie kann auch in messingvernickelter, hochglanzpolierter Ausführung geliefert werden, so daß sie auch auf dem Eßtisch selbst aufgestellt werden kann. Sie spart dann lästige Gänge während des Essens in die Küche.

Das gleiche gilt auch vom elektrischen

Brotröster

(Bild 55 und 56) und vom elektrischen

Eierkocher.

Bild 56. **Die Plauderstunde.**

Auch diese Geräte gestatten die Zubereitung der Speisen auf dem Eßtisch selbst, wirken arbeit- und zeitsparend und werden so auch zu ihrem Teil dazu beitragen, die Quellen zahlreicher kleiner Ärgernisse im täglichen Leben der Hausfrau zu verstopfen und somit ihre Lebensfreude zu erhöhen.

VI. Die Beleuchtung der Küche*).

In Erinnerung an die Zeiten der rußenden Petroleumlampe oder an das unbequeme Gaslicht erscheint uns das elektrische Licht äußerst bequem und praktisch. Bei

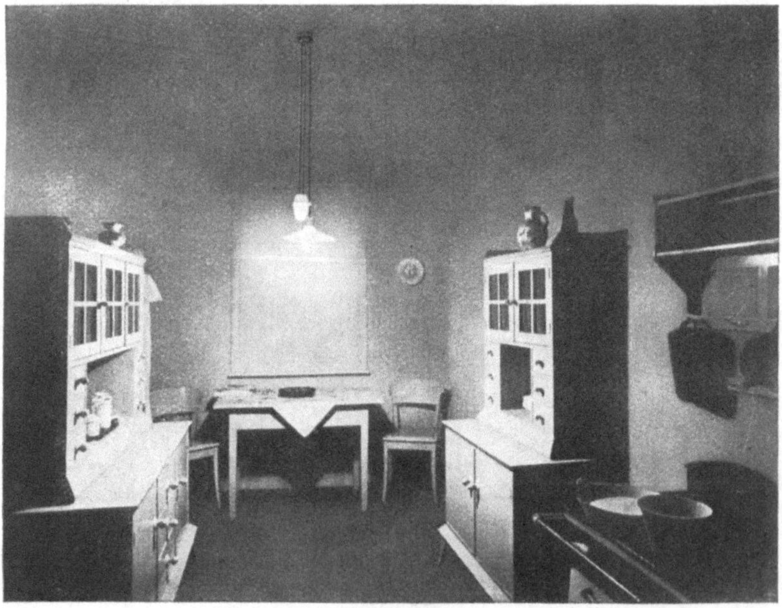

Bild 55. **Falsch beleuchtete Küche.**

kritischer Beurteilung der elektrischen Beleuchtungsanlagen unserer Küchen können wir jedoch manchen Fehler feststellen, dessen Beseitigung Arbeitserleichterung für die Hausfrauen bedeuten würde.

Auch das Licht hat die Aufgabe, im Dienste der Hausfrau zu stehen, die Beleuchtung hat daher den Anforderungen der Zweckmäßigkeit und Wirtschaftlichkeit zur Erleichterung der teils schweren Arbeit der Hausfrau zu genügen, einen guten freundlichen Raumeindruck zu bewirken.

*) Unter Mitarbeit von Dipl.-Ing. Summerer, Berlin.

Stört uns schon beim Betrachten von Bild 55 die schlechte Raumwirkung der Küche, die als eine Folge der geringen Gleichmäßigkeit der Raumbeleuchtung anzusprechen ist, so erschweren andere beleuchtungstechnische Fehler die Arbeit der Hausfrau.

Die sichtbare nackte oder matte Glühlampe blendet. Die Netzhaut unseres Auges wird dadurch überreizt, so daß eine Beeinträchtigung des Sehvermögens und somit eine Behin-

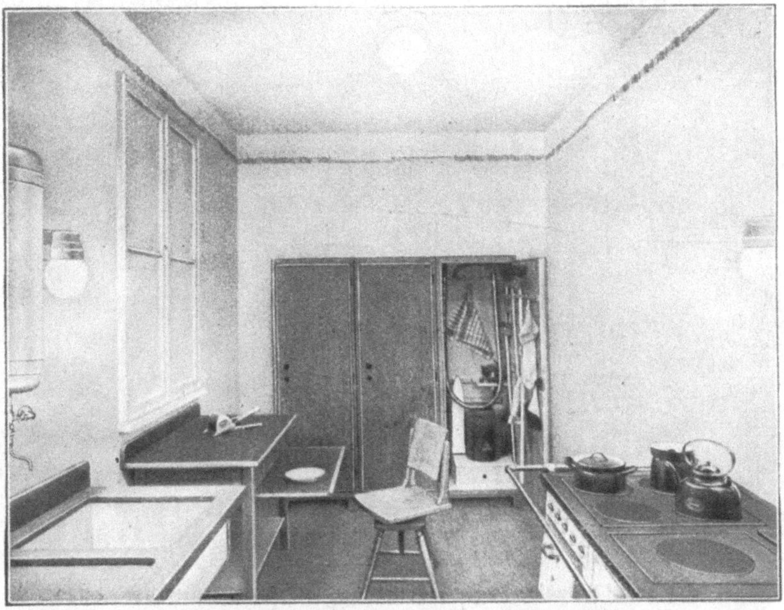

Bild 56. **Gut beleuchtete Küche. Genügende Allgemeinbeleuchtung. Zusatzbeleuchtung an den Arbeitsplätzen.**

derung der menschlichen Tätigkeit eintritt. Abschirmen der Lichtquelle zur Verhinderung des direkten Strahlenganges zwischen Lichtquelle und Auge mit Hilfe von Reflektoren oder Umhüllen der Lichtquelle mit gut lichtstreuenden Materialien, wie Opalglas, Opalüberfangglas usw. (Mattglas genügt nicht zur Blendungsvermeidung), ist also unbedingt notwendig, um unserem Auge gute Sehbedingungen durch gute Beleuchtung zu gewähren.

Besondere Sorgfalt verlangt die Anordnung der Leuchte im Raum. Die meist gebräuchliche Mittelaufhängung gibt nur genügende Allgemeinbeleuchtung, ist jedoch als Platzbeleuchtung nur dann aufzufassen, wenn die Mitte der Küche durch einen Tisch oder den Herd eingenommen wird. Normalerweise sind die Arbeitsplätze der Küche (Herd, Spültisch, Arbeitstisch) nach dem Fenster orientiert, somit längs der Wand aufgestellt. Bei Mittelaufhängung müßte also die Hausfrau ihre Arbeit stets

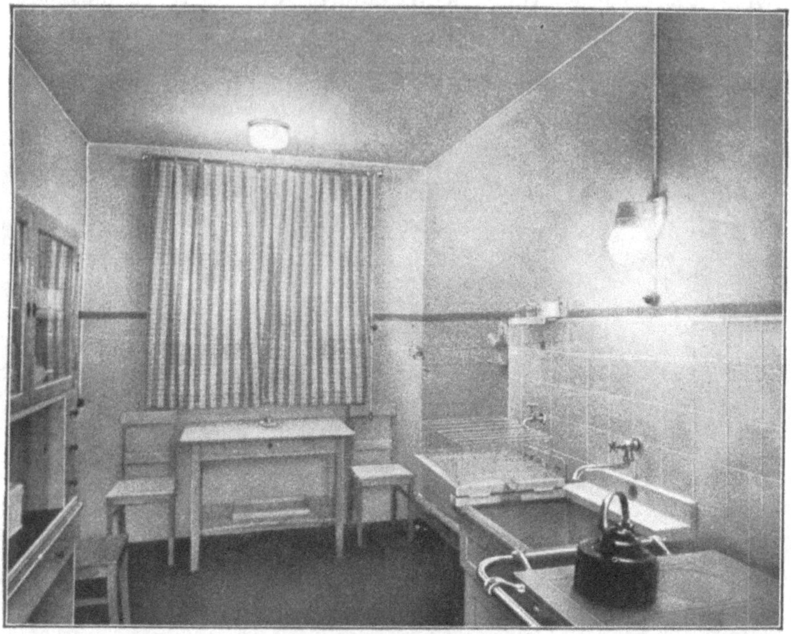

Bild 57. **Gute Beleuchtung einer Küche. Orientierung der Allgemeinbeleuchtung nach den Arbeitsplätzen. Zusatzbeleuchtung am Spültisch.**

im eigenen Schlagschatten verrichten (Bild 55). Die Anordnung der Beleuchtungskörper hat in einer gut beleuchteten Küche daher so zu erfolgen, daß störende Schlagschattenbildung vermieden und richtiger Lichteinfall erzielt wird. Durch Orientierung der Allgemeinbeleuchtung nach den Arbeitsplätzen (Bild 57) oder durch besondere Zusatzbeleuchtung, sei es durch Wandarme (Bild 56) oder Deckenleuchten, wird diese Forderung erfüllt.

Selbstverständlich sind zweckmäßige, also vor allem blendungsfreie Leuchten Voraussetzung einer guten Erhellung der Küche. Bild 58 zeigt die hauptsächlichsten Arten von

Küchenleuchten, wobei Form a, eine Deckenleuchte mit Opalüberfangabschlußglas, besonders für niedere Räume geeignet ist, während die Arten b, c und d auch in höheren Räumen (Form c und d in einem gewissen Abstand von der Decke) gut Verwendung finden können. Bei sämtlichen Leuchten fällt die geschlossene Bauart[1]) auf. Als lichtstreuendes Material ist Opalglas oder Opalüberfangglas verwendet.

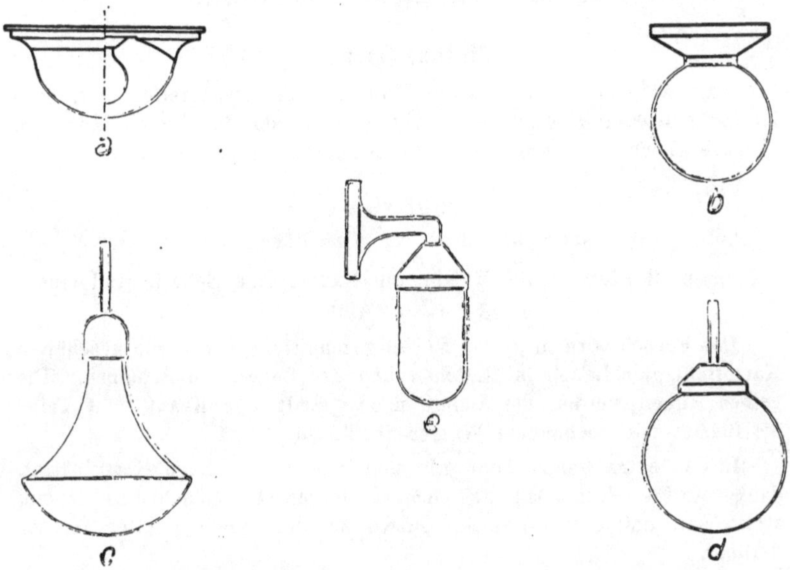

Bild 58. Zweckmäßige Leuchten für Küchen und Badezimmer.

Grundlage jeder guten Beleuchtungsanlage ist eine genügende Beleuchtungsstärke. Da in der Küche meist keine Feinarbeit zu verrichten ist, kann man eine mittlere Beleuchtungsstärke von 60 Lux als genügend erachten. In normalen Fällen wird somit eine 100 Watt-Lampe zur Allgemeinbeleuchtung und je eine 40 Watt-Lampe zur Platzbeleuchtung ausreichen. Die jetzt häufig noch gebräuchliche Beleuchtung einer Küche durch eine nackte 25 oder 40 Watt-Lampe ist jedoch immer als zu schwach zu verwerfen.

[1]) Um den elektrotechnischen Vorschriften zu genügen, müssen die Leuchten wasserdicht sein. Normalerweise genügen spritzwasserdichte Leuchten den Anforderungen. Werden vollkommen wasserdichte Beleuchtungskörper vorgeschrieben, so ist die halbindirekte Leuchte der Abb. 58 (c) ungenügend.

Einige Kochrezepte*).

a) für den Elektro-Ökonom.

Eintopf-Gerichte.

Ragout von Hammel, Kalb, Zunge, Reh, Hasenpfeffer usw. wird im Elektro-Ökonom besonders ausgezeichnet, da das Fleisch mit dem Gemüse gleichmäßig kocht und die Kartoffeln nicht zerfallen.

Irish-Stew
oder weißes Hammelfleisch.

Zutaten: 2 Pfund gelbe Rüben, ein Lauch, eine Sellerie und eine gespickte Zwiebel.

Das Fleisch wird in große Würfel geschnitten; ebenso die geschälten Kartoffeln, der Lauch in Rädchen und der Sellerie in Scheiben. Die gelben Rüben werden der Länge nach geteilt, das Kraut in 4 Teile, die Blätter mit kochendem Wasser abgebrüht.

In den extra hohen Topf gibt man zuerst eine Lage Krautblätter, dann vom Fleisch und legt das Gemüse abwechselnd schichtweise hinein, streut Salz und etwas Paprika dazwischen und gießt 1 Liter Wasser darüber.

Man bringt das Ganze auf der Heizplatte zum Kochen und läßt das Irish-Stew vom Ausschalten an gerechnet noch 2 Stunden im Elektro-Ökonom.

Schinken zum Kochen.

Ein geräucherter Schinken wird einige Stunden in kaltes Wasser gelegt, dann kürzt man das Bein, legt ihn in den extra hohen Topf, bedeckt ihn mit kaltem Wasser und setzt ihn in den Elektro-Ökonom.

Auf den extra hohen Topf kann man noch den flachen Topf mit Sauerkraut, gelb oder grün halbierten Erbsen, weißen Bohnen oder Linsen setzen.

Wird der Schinken allein gekocht, so läßt man ihn vom Ausschalten an 2—3 Stunden, je nach Gewicht, im Apparat.

Die angegebenen schwer zu kochenden Gemüse setzt man 1½ bis 2 Stunden nach dem Ausschalten auf die Heizplatte und den Schinken-

*) Aus den Kochbüchern der Herstellerfirmen.

topf darauf und schaltet nochmals ein. Nach kurzer Zeit schaltet der Automat selbsttätig aus und das Gemüse ist gewöhnlich in einer Stunde gar.

Sollten die Hülsenfrüchte sehr hart sein, so gebe man eine Messerspitze Natron daran.

Wenn sich der Apparat mit dem Automat nicht einschalten läßt, so benütze man den Zwischenstecker.

b) für die Protos-Brat- und Backröhre.

Fleischgerichte.

Gänsebraten.

Die Bratröhre muß 20 Minuten vor Einschieben des Bratens eingeschaltet werden. Gänse (bis zu 15 Pfd.) werden wie üblich vorbereitet, gewaschen, ausgetrocknet, mit Salz ausgerieben, mit ungeschälten Äpfeln und Beifuß gefüllt und zugenäht. In der mit dem Apparat gelieferten Bratpfanne zerläßt man einen Löffel Butter, legt die Gans ohne jede Beigabe von Wasser in die Pfanne und schließt die Röhre fest. Nach etwa einer Stunde öffnet man und überschöpft die Gans mit dem ausgebratenen Fett. Ungefähr alle Viertelstunde wiederholt man das Übergießen und bespritzt die Gans ab und zu mit kaltem Wasser, damit die Haut recht knusprig wird. Die Bratzeit beträgt je nach Alter und Größe der Gans 2½—3½ Stunden. Das überflüssige Fett wird nach und nach abgenommen; aus dem Saft kann man durch Zusatz von etwas Kartoffelmehl und Mondamin oder Sahne eine Tunke herstellen, indem man die Bratpfanne herauszieht, etwas kippt und die genannten Zutaten hinzurührt.

Gesamtbratzeit: 2¾—3¾ Stunden, je nach Größe der Gans. Stromverbrauch etwa 1,8—2,5 Kilowattstunden.

Rindslende.

Lende nicht spicken, weil dadurch das Fleisch wie von Kanälen durchzogen wird und der Saft herausläuft, wodurch der Braten unbedingt trocken wird. Der Braten wird leicht gesalzen, gepfeffert und (wer Speck liebt) mit Speckscheiben umwickelt. — In die Bratpfanne: 1—2 Zwiebeln in Scheiben, 2—3 Gewürzkörner, ⅛—¼ Pfd. Fett, Speck in Würfelchen geschnitten, der Braten und nun alles in die vorgewärmte (20 Min.) Brat- und Backröhre. — Bei einer Größe des Bratens von 1½ Pfd. etwa 1 Stunde unter Strom lassen, dann abschalten, nach 1¼ Stunden ist der Braten halb englisch, nach 1½—1¾ Stunden gar. Bratentunke nach Geschmack binden, Fleisch regelmäßig begießen.

Gesamtkochzeit: bis äußerst 1¾ Stunden. Stromverbrauch: 0,9 Kilowattstunden.

Gulasch.

Fleisch (Kalb-, Rind-, Schweinefleisch) in Würfel schneiden, leicht salzen, Paprika oder Pfeffer nach Geschmack, eine Zwiebel, etwas Speck in Würfeln, ein Achtel Pfund Butter (Margarine), wenig heißes Wasser. Alles zusammen in den Schmortopf, in die vorgewärmte (20 Minuten) Brat- und Backröhre einstellen, eine Stunde eingeschaltet lassen, eine weitere halbe Stunde ohne Strom in der geschlossenen Brat- und Backröhre gar werden lassen.

Gesamtkochzeit: etwa 1½ Stunden. Stromverbrauch: etwa 0,9 Kilowattstunden.

Rumpsteak.

Das in Scheiben geschnittene, leicht geklopfte Rindfleisch wird wenig gesalzen und gepfeffert, auf eine Porzellanplatte (oder Silber) gelegt, mit Zwiebelscheibchen garniert und in das erhitzte Rohr (20 Min. vorwärmen) gestellt. Dann 15 Minuten braten. Das Fleisch bleibt sehr saftig und fällt n i c h t zusammen. Der ausgetretene Fleischsaft wird mit wenig heißem Wasser, einigen Tropfen Maggi oder Liebigs Fleischextrakt gemischt und als Tunke beigegeben.

Gesamtstromverbrauch: etwa 0,5 Kilowattstunden.

Fische.

Große Seefische werden enthäutet, entgrätet, in Scheiben geschnitten, leicht gesalzen, ganz wenig mit Pfeffer bestreut und auf einer Platte in das heiße Rohr eingeschoben. Fett- oder Wasserzusatz ist nicht erforderlich. Nach etwa einer Viertelstunde zeigen sich an den Seiten des Fisches kleine Bläschen — der Fisch ist gar und schmeckt ganz besonders gut. Mit etwas Butter und einer kleinen Scheibe Zitrone garniert wird er aufgetragen. Der Kochvorgang verläuft fast ganz geruchlos. Der Fisch ist gar, wenn er bei leichtem Druck an der dicksten Stelle durchbricht.

Hecht, Zander.

In das 20 Minuten vorgewärmte Rohr wird der Fisch, nachdem er gesäubert, gesalzen, mit Zitrone beträufelt ist, auf einer Porzellanschüssel mindestens eine Stunde lang kalt gezogen hat und das ausgeschiedene Wasser abgegossen ist, „in schwimmender Form“ aufgesetzt (dabei wird der Bauch etwas auseinandergezogen). Die Porzellanschüssel mit dem Fisch wird dann ohne Wasser oder Fettzusatz in die Röhre auf das mitgelieferte Backblech gestellt. Nach etwa einer halben Stunde ist der Fisch fertig; man überzeuge sich, daß das Fleisch weiß und fest ist. Zur Garnierung des Fisches verwendet man Petersilie und Zitronenscheiben sowie kleingehacktes, hartgekochtes Ei, das vorher im Wasserkocher oder auf der kleinen Kochplatte hergestellt ist.

Gesamtdünstzeit: etwa ½ Stunde. Stromverbrauch etwa ½ Kilowattstunde.

c) für die Stromküche.

Pichelsteiner und ähnliche Eintopfgerichte.

1½ Pfund Rind- oder halb Rind- und halb Schweinefleisch ohne Knochen werden gereinigt und in grobe Würfel geschnitten. Kartoffeln werden geschält und in Scheiben geschnitten, ebenso werden Lauch (Porree), Sellerie, gelbe Rüben, Petersilienwurzeln und -grünes und Zwiebeln vorgerichtet und klein geschnitten. Die Stromküche wird gut mit Butter ausgestrichen, dann gibt man lagenweise Kartoffeln, Gemüse und Fleisch hinein und fährt damit fort, bis zuletzt eine Lage Kartoffeln den Abschluß bildet. Beim Einfüllen vergesse man nicht, Salz und Pfeffer dazwischenzustreuen, ebenso gibt man zwischen die Lagen einige Butterflöckchen oder noch besser einige Stückchen von frischem Ochsenmark. Auf die oberste Kartoffellage kommen ebenfalls einige Butter- oder Markstückchen, dann gibt man den Deckel auf die Form und läßt sie 1¾—2 Stunden eingeschaltet. — Ebenso wie Pichelsteiner können auch andere Eintopfgerichte, z. B. Irish-Stew, Spanisch Fricco u. dgl. in der Stromküche zubereitet werden.

Fische in der Stromküche.

Ein Schellfisch von 2—3 Pfund oder auch 2—3 kleinere Fische werden gut geschuppt, gewaschen, innen und außen mit Salz eingerieben und nebeneinander rund gebogen auf den Boden der Bratform gelegt. Dazwischen gibt man Sellerie, Petersilie, Zwiebeln und zerquetschte Pfefferkörner. So vorbereitet, läßt man den Fisch mindestens ½ Stunde stehen, damit er gut durchzieht, dann belegt man ihn mit einigen Butterstückchen, gibt den Deckel auf die Stromküche und brät den Fisch ohne Zugabe irgendwelcher Flüssigkeit 30—40 Minuten, je nach der Größe. Er ist gar, sobald sich das Rückenfleisch leicht von den Gräten löst. Man gibt ihn mit Salzkartoffeln und einer beliebigen Sauce (mit brauner Buttersauce, Senfsauce, Meerrettichsauce, holländischer Sauce) zu Tisch.

Diese schmackhafte Zubereitungsweise, für die sich besonders auch Hecht und Zander eignen, hat den Vorzug, daß alle im Fisch enthaltenen Nährsalze erhalten bleiben.

Kirschenauflauf (Kirschenmichel).

Zutaten: 10 alte Brötchen vom Tag vorher, etwa ½ Liter Milch, 2½ Pfund Kirschen, 100 g Butter, 4 Eier, 100 g Zucker.

Die Brötchen werden abgerieben und in Milch eingeweicht, dann zu einem glatten Brei verrührt. Die Kirschen werden gewaschen, von den Stielen befreit und nach Belieben in 3 Eßlöffel Zucker leicht geschmort. Man kann sie aber auch roh verwenden. Die Butter rührt man zu Sahne, gibt Eigelb und Zucker, den Semmelbrei und zuletzt den steifen Eierschnee dazu. Man streicht die flache Form der Stromküche gut mit Butter und Semmelmehl aus, füllt die Masse abwechselnd mit den Kirschen hinein und bäckt sie etwa 1½ Stunden.

Einfacher Gesundheitskuchen.

Zutaten: ¾ Pfund Mehl, 150 g Zucker, 80 g Butter, 1 Backpulver, ungefähr 12 Eßlöffel Milch, ½ abgeriebene Zitrone, 2 Eier.

Butter schaumig rühren, Eigelb und Zucker dazu, dann die Zitronenschale und nach und nach das mit dem Backpulver gemischte Mehl und die Milch in die gut gefettete Küchenform füllen und 1 Stunde einschalten.

Teekuchen.

¾ Pfund Mehl, 6 Eier, ¾ Pfund Zucker, ½ Stange Vanille, die abgeriebene Schale einer kleinen Zitrone rühre man 1 Stunde lang zu einem glatten Teig, von dem man mit einem Löffel kleine Häufchen in die gebutterte Stromküche tut und in etwa 10 Minuten goldgelb bäckt. (Man benutzt hierzu abwechselnd beide Formen der Stromküche.)

Königskuchen.

Zutaten: 1 Pfund Mehl, 1 Pfund Zucker, ½ Pfund Butter, 6 Eier, 1 Tasse Milch, 1 Backpulver, 1 abgeriebene Zitronenschale, 1 Prise Salz, nach Belieben süße Mandeln.

Das Eiweiß wird zu Schnee geschlagen, die Butter schaumig gerührt und dann abwechselnd ein Eßlöffel Mehl, Zucker, Eier zugetan und alles tüchtig durchgeknetet. Zuletzt kommt der Schnee, die abgeriebene Zitronenschale, sowie Mandeln hinzu. Der Teig wird dann etwa ¾ Stunden gut gerührt und in die gut ausgeschmierte Form getan. Backzeit ¾ bis 1 Stunde.

Gedruckt bei Julius Sittenfeld, Berlin W 8

FSC
www.fsc.org
MIX
Papier | Fördert gute Waldnutzung
FSC® C083411

Zeitfracht Medien GmbH
Ferdinand-Jühlke-Straße 7
99095 Erfurt, Deutschland
produktsicherheit@kolibri360.de